AF705123

BusinessVillage

Susanne Siekmeier

Professionelles Eventmanagement

Planen • organisieren • durchführen

BusinessVillage

Susanne Siekmeier
Professionelles Eventmanagement
Planen • organisieren • durchführen
4., überarbeitete und erweiterte Auflage 2024

Bestellnummern
ISBN 978-3-86980-734-8 (Druckausgabe)
ISBN 978-3-86980-735-5 (E-Book, PDF)
ISBN 978-3-86980-736-2 (E-Book, epub)

Direktbezug www.BusinessVillage.de, PB-1178

Bezugs- und Verlagsanschrift
BusinessVillage GmbH
Reinhäuser Landstraße 22
37083 Göttingen
Telefon: +49 5 51 20 99-1 00
E-Mail: info@businessvillage.de
Web: www.businessvillage.de

Layout und Satz
Sabine Kempke

Autorenfoto
Michael Claushallmann, Köln (www.claushallmann.de)

Druck und Bindung
www.booksfactory.de

Inhalt

Über die Autorin

Susanne Siekmeier ist Expertin für die Planung und Organisation von Veranstaltungen. Nach ihrem Abitur absolvierte sie eine Ausbildung zur Fremdsprachensekretärin.

Anschließend arbeitete sie mehr als zwanzig Jahre als Vorstandssekretärin in verschiedenen Versicherungskonzernen sowie als Assistentin der Geschäftsführung in mittelständischen Unternehmen verschiedener Branchen.

Bereits zu Beginn ihrer Berufstätigkeit wirkte Susanne Siekmeier bei der Organisation von Gremiumssitzungen wie Hauptversammlungen, Aufsichtsratssitzungen und Beiratssitzungen mit. Die geprüfte Eventmanagerin (IHK) ist routiniert in der Organisation von Veranstaltungen jeglicher Größenordnung.

Nachdem sie erfolgreich einen Wirtschaftsklub mit aufgebaut und ausgebaut hatte, machte sie sich 2008 in den Bereichen Büroorganisation und Veranstaltungsmanagement selbstständig. Sie ist spezialisiert auf Arbeitsplatz- und Büroorganisation sowie die Optimierung von Arbeitsabläufen. Heute berät Susanne Siekmeier Unternehmen bei der Optimierung ihrer Büroprozesse. Als systemischer Business-Coach (SHB) unterstützt sie Menschen, die in ihrem (Berufs-)Leben Veränderungen suchen und anstreben. Sie hält Fachvorträge und arbeitet als Referentin/Dozentin für verschiedene Weiterbildungsinstitute. In diesem Zusammenhang hat sie die Ausbildereignungsprüfung (IHK) abgelegt und eine Weiterbildung ›Train the Trainer‹ an der Universität Düsseldorf absolviert.

Ihre Seminarthemen sind rund um »Organisation, Kommunikation und Kooperation« angesiedelt. Einer ihrer Schwerpunkte ist das Thema Korrespondenz. Im Jahr 2012 ist der Ratgeber »Professionelle Korrespondenz – Moderne Geschäftsbriefe und E-Mails mit Wirkung« im BusinessVillage Verlag erschienen. Dieses Buch wird Anfang 2024 in einer überarbeiteten Fassung erscheinen.

Ihren großen Erfahrungsschatz im Eventmanagement gibt Susanne Siekmeier gerne an ihre Seminarteilnehmer weiter. Sie vermittelt mit einer unkomplizierten und frischen Art, worauf es bei der Planung von Veranstaltungen ankommt und wie man sich mit einer guten Vorbereitung das Leben leichter machen kann.

Kontakt:

E-Mail: Susanne@Siekmeier.koeln
Internet: www.susanne-siekmeier.de

Die digitale Playbox zum Buch

Die digitale Playbox zum Buch eine wertvolle Quelle für zusätzliche Inspirationen und erleichtert Ihnen die Durchführung ihrer Events. Sie finden dort Vorlagen, weiterführende Informationen und Checklisten.

Folgende Inhalte erwarten Sie:

1. Checklisten
2. Veranstaltungstipps von A–Z
3. Vorlage »Danke für Ihr Namensschild«
4. kurzer Beurteilungsbogen
5. ausführlicher Feedbackbogen

Zum Download gehen Sie auf

www.businessvillage.de/DL-1178.html

Einführung

»In allen Dingen hängt der Erfolg von den Vorbereitungen ab.«

Johann Wolfgang von Goethe, deutscher Dichter

»Veranstaltungen organisieren: Das muss ich neben meinem eigenen Job noch auf die Reihe bekommen – aber eigentlich ist das eine zusätzliche Aufgabe!« Diesen Satz habe ich während meiner Fortbildung zur geprüften Eventmanagerin von meinen Mitstreitern oft gehört.

In der Tat: Es ist nicht nur eine zusätzliche Aufgabe mit vielfältigen und unterschiedlichen Anforderungen, sondern es ist auch ein sehr breit gefächertes Know-how, welches bei diesem Thema eingefordert und eingebracht werden muss.

Die erste Eventmanagerin, die ich kennengelernt habe, war meine Mutter. Sie konnte wundervolle Kindergeburtstage ausrichten. Das Catering bestand aus der Geburtstagstorte, Windbeuteln mit viel Schlagsahne und Kakao. Zum Abendessen gab es Würstchen mit Nudelsalat und Apfelsaft. Als Dekoration wurden bunte Luftballons und Luftschlangen aufgehängt und das wichtigste Equipment waren Topf, Kochlöffel und ein Tuch, um die Augen zu verbinden, für so beliebte Spiele wie ›Topfschlagen‹ und ›Blinde Kuh‹. Im Sommer spielten wir Verstecken im Garten und wenn es regnete kam ›Plan B‹ zum Einsatz: eine Aufführung mit dem Kasperletheater als Showact.

Schon damals bewährte sich eine gute Planung. Ich vermute, dass meine Mutter keine Checkliste benutzt hat. Sie erledigte alle Schritte aufgrund ihrer eigenen Erfahrung und die Abläufe waren für sie übliche Routine.

Später habe ich dann selbst Feiern organisiert. Angefangen von der Klassenfete bis zur Abiparty. Bei der Organisation dieser Events wurde schon das ein oder andere Projektteam gebildet. Ideen wurden gesammelt und wieder verworfen – vor allem, wenn das Budget nicht reichte. Listen wurden geschrieben, um nichts zu vergessen. Sponsoren in Person von Eltern, Großeltern und Lehrern wurden gesucht und zur Kasse gebeten.

Irgendwie hat mich die Organisation von Veranstaltungen nicht mehr aus ihrem Bann gelassen: Sie zieht sich wie ein roter Faden durch meine Berufstätigkeit. Zu Beginn wirkte ich bei der Organisation hochoffizieller Anlässe mit, etwa einer Hauptversammlung, Aufsichtsrats- oder Beiratssitzungen oder einer Pressekonferenz. Später haben sich die Rahmenbedingungen sehr gewandelt und die Bandbreite der zu organisierenden Events deutlich erweitert.

Bei Hauptversammlungen, Aufsichtsratssitzungen und ähnlichen Gremienzusammenkünften kommt es sehr auf die akkurate, sorgfältige Vorbereitung an. Da diese Tagungen jedoch immer in einem ähnlichen Rahmen ablaufen, wird der Kreativität nicht unbedingt ein großer Anteil zugemessen. Uns reichten ausführliche Checklisten, die akribisch abgearbeitet wurden.

So fing jedes Mal die Vorbereitung mit der Festlegung des Datums und der Aufstellung der Tagesordnung an. Der Ort war immer der gleiche, die Teilnehmer waren es mehr oder weniger auch. Zu berücksichtigen gab es Sonderwünsche wie bestimmte Zigarettenmarken im Tagungsraum (heute undenkbar) oder der Wunsch nach vegetarischem Essen (heute Normalität).

Im Laufe der Jahre haben sich in meinem Berufsleben durch wechselnde Tätigkeiten auch wechselnde Veranstaltungen ergeben. Rückblickend kann ich feststellen: Ob Hauptversammlung oder Karnevalssitzung (böse Zungen behaupten, dass es hier gar keinen Unterschied gibt), eine sorgfältige und gute Vorbereitung ist die Grundlage einer jeden Veranstaltung.

Sicher gibt es unterschiedliche Schwerpunkte: Bei der Hauptversammlung gibt es keine Sänger und bei der Karnevalssitzung kein Protokoll. Aber wenn Sie einmal die Grundlage für den Ablauf einer Veranstaltung geschaffen haben, dann haben Sie eine Basis für fast alle denkbaren Events.

Basiswissen Eventmanagement

1

»Bestimmte Dinge sind nur als Erlebnis interessant, andere nur als Vorstellung.«

Nicolás Gómez Dávila, kolumbianischer Schriftsteller

1.1 Was ist ein Event?

Event – schon dieser englische Klang suggeriert uns, dass wir es hier mit einer Modeerscheinung aus der schönen neuen Business-Welt zu tun haben. Wo früher eine goldene Armbanduhr überreicht wurde, stampfen heute Hunderte euphorisierte Angestellte rhythmisch zur Firmenhymne mit.

Dem ist nicht so. Das Wort ›Event‹ stammt wie so viele englische Modewörter aus dem Lateinischen. Das Wort ›eventus‹ bedeutet Ereignis. Im deutschen Sprachgebrauch wird das Wort mit dem Begriff ›Veranstaltung‹ gleichgesetzt, denn dies ist auch die korrekte Übersetzung aus dem Englischen. Zwischen Event und Veranstaltung gibt es keinen inhaltlichen Unterschied – auch in diesem Buch werden sie synonym gebraucht.

Dass der Event ein ›besonderes Ereignis‹ ist, steht erst seit 1996 im Duden, denn dieses Wort ist in der deutschen Sprache erst seit etwa zwanzig Jahren gebräuchlich. Oder heißt es nun *das* Event? Diese Frage ist – so glaube ich – noch die am leichtesten im Zusammenhang mit Events zu beantwortende Frage: Sie können beide Artikel verwenden.

Aber was ist nun ein besonderes Ereignis? Das kommt ganz auf die Menschen an, die Veranstaltungen ausrichten oder besuchen. Ob Gladiatorenkämpfe bei den alten Römern, ein Pow-Wow bei den Indianern, die Charity-Gala für den guten Zweck oder ein Kindergeburtstag: Veranstaltungen gab und gibt es, seitdem Menschen Freude daran haben, gemeinsam etwas zu feiern.

Damit haben wir bereits eine knackige Definition: Eine Veranstaltung ist ein zeitlich begrenztes, organisiertes Ereignis, an dem eine Gruppe von Menschen teilnimmt. Veranstaltungen haben einen Anlass und ein Ziel. Da die Ziele – und natürlich auch die Anlässe – sehr unterschiedlich sein können, hängt von diesen beiden Kriterien die Art der Veranstaltung und somit die Grundlage der weiteren Planung ab.

Wer feiert, möchte Spaß haben, Anregungen erleben, etwas mitnehmen, staunen und später davon erzählen. Bei vielen Events steht deshalb die Emotionalisierung im Vordergrund. Um Emotionen hervorzurufen, werden Erlebniswelten inszeniert und die fünf Sinne – Sehen, Hören, Tasten, Riechen und Schmecken – angesprochen. Die Aufnahme von Informationen erfolgt visuell, auditiv, haptisch, olfaktorisch und geschmacklich.

Das trifft nicht auf alle Veranstaltungsarten zu. Bei einer Hauptversammlung geht es um die Präsentation von Zahlen, Daten und Fakten; bei einem Kongress um die Vermittlung von Wissen und den Austausch von Informationen. Dagegen dürfen bei einer Hochzeit ruhig weiße Tauben in den Himmel fliegen und zu den Klängen des Ave Maria in der Kirche die Tränen der Rührung von Müttern und Tanten fließen.

Um Veranstaltungen professionell auf beziehungsweise über die Bühne zu bringen, hat sich in den letzten Jahren das Berufsbild des Eventmanagers herausgebildet. Ein Eventmanager muss verschiedene fachliche Voraussetzungen mitbringen und eine Menge persönlicher Qualitäten vorweisen. Kaufmännische und betriebswirtschaftliche Grundlagen sowie fortgeschrittene Kenntnisse im Marketing sind ein absolutes Muss. Flexibilität, Mobilität und häufig auch Sprachkenntnisse werden ebenfalls benötigt. Organisations- und Improvisationstalent, Kreativität, Kommunikationsfähigkeit und Neugier sind unverzichtbare Grundlagen für den beruflichen Erfolg. Und natürlich sollte es ein Eventmanager lieben, mit Menschen zu arbeiten – mit allem, was dazu gehört. Deshalb braucht er, wo andere Menschen Nerven haben, Drahtseile. Er muss lange und hart arbeiten können, den Überblick im Chaos behalten und die richtige Mischung zwischen Durchsetzungsvermögen und Einfühlsamkeit in sich tragen. Kurz: Wer die Anforderungsprofile von Eventmanagern liest, erkennt darin die Hoffnung auf einen Supermann, der buchstäblich der Menschheit den Tag rettet.

Entsprechend vielseitig lesen sich auch die Aufgaben: Zum täglichen Geschäft des Eventmanagers zählen vertriebliche Dinge wie die Information, Beratung und Betreuung von Kunden und Auftraggebern. Die Präsentation von Konzepten verlangt Kommunikationstalent, die Aufstellung des Budgets rechnerische Qualitäten. Die Abstimmung mit Fremddienstleistern, zum Beispiel für Catering und Technik, fordert Organisationsgeschick. Und nicht zuletzt ist der Eventmanager eine Führungskraft, wenn auch oft ohne formale Befugnisse. Aber er muss Menschen einsetzen und leiten. Er ist verantwortlich für die Erstellung und Umsetzung von Personaleinsatzplänen, Regie- und Ablaufplänen sowie die Einhaltung von Vorschriften und Bestimmungen.

Finden Sie sich zu hundert Prozent wieder? Glückwunsch, an Ihnen ist ein Eventmanager verloren gegangen! Aber selbst, wenn längst nicht alles auf Sie zutrifft: Einen kleineren Event kann letztlich jeder auf die Beine stellen, der ein bisschen im Leben steht. Denken Sie einfach an einen Kindergeburtstag oder Ihre letzte Gartenparty. Es gibt keine fundamentalen Unterschiede zu einem Firmenevent. Nur graduelle. Allerdings können die es in sich haben.

Deswegen möchte ich Ihnen mit diesem Ratgeber auch keinen Ersatz für die Ausbildung oder das Studium zum Eventmanager bieten, wohl aber Tipps aus der Praxis geben, die Sie in der ›berufsbegleitenden‹ Veranstaltungsplanung gut gebrauchen können.

1.2 Verschiedene Veranstaltungsarten

Die angloamerikanische Sprachprägung im Geschäftsleben bringt es mit sich, dass es zu neu eingeführten Begriffen auch meist ein paar schmissige Abkürzungen setzt. Im Zusammenhang mit Veranstaltungen spricht man zum Beispiel von der MICE-Branche. Dies steht für **M**eetings (Tagungen), **I**ncentives (Veranstaltungen oder Reisen als Belohnung und/oder Anreiz), **C**onventions (Kongresse) und **E**vents (sonstige Veranstaltungen). Sie sehen, man kann Events als Teilbegriffe ihrer selbst sehen. Trotzdem lohnt es sich, auf die verschiedenen Veranstaltungsarten kurz einzugehen:

Meetings, Sitzungen und Besprechungen sind die Zusammenkunft von Personen (abteilungsintern oder firmenübergreifend), die arbeitsbezogene Themen diskutieren.

Ein Seminar dient in der Regel zur Wissensvermittlung und in einem Workshop arbeitet eine Gruppe von Personen intensiv an einem Thema.

Bei einer Tagung, einem Kongress oder einem Symposium handelt es sich um ein Zusammentreffen von Personen, die sich speziellen Themen widmen. Schwerpunkt ist die Vermittlung von Informationen und der Austausch untereinander in Form von Vorträgen und Diskussionen. Kongresse und Symposien sind in der Regel mehrtägig, wobei die Tagung – wie der Name schon sagt – eine eintägige Veranstaltung ist.

Dann gibt es noch Messen und Ausstellungen, sozusagen die Königsdisziplin des Eventmanagers. Eine Messebeteiligung ist in der Regel eine Aufgabe, die nicht mehr nebenbei organisiert, sondern für die ein richtiges Projektmanagement aufgebaut wird. Daher verweise ich an dieser Stelle gerne auf das Handbuch *Events professionell managen* von Melanie von Graeve, ebenfalls erschienen im BusinessVillage Verlag.

Zurück zur Definition. Erinnern Sie sich? Events haben immer ein Ziel und einen Anlass. Darauf werde ich nun näher eingehen. Denn die Schwerpunkte sind teils unterschiedlich, weshalb wir nach anlassbezogenen Events und zielbezogenen Events unterscheiden.

Anlassbezogene Events

Hier gibt es – wie das Wort schon sagt – einen Anlass, den es zu feiern gilt. Hierzu zählen zum Beispiel:

- Jubiläen
- Jahrestage
- Geburtstage

- Eröffnungen
- Empfänge
- Sommerfeste
- Weihnachtsfeiern
- Auftaktveranstaltungen, zum Beispiel eine Kick-off-Veranstaltung

Diese Feiern haben immer auch ein Ziel. Weil Anlässe zum Feiern anregen, sind zum Beispiel die Pflege von Kundenbeziehungen, Mitarbeitermotivation oder Imagearbeit wichtige Ziele. Aber die Events fänden trotzdem nicht so statt, wenn es den Anlass nicht gäbe. Anlassbezogene Events können sehr anspruchsvoll in der Organisation sein. Dafür sind häufig keine komplizierten Inhalte zu berücksichtigen.

Zielbezogene Events

Zielbezogene Events haben unterschiedliche Schwerpunkte. Es kann sich um Themen der Unternehmenskommunikation, der Produktkommunikation, Information oder Emotionalisierung handeln. Auch hierfür seien einige Beispiele genannt:

- Unternehmenspräsentationen
- Produktpräsentationen
- Tage der offenen Tür
- Messen
- Tagungen
- Kongresse
- Workshops
- Get-together-Veranstaltungen
- Motivationsevents
- Incentives und Teambuildings

Hier ist das Party-Element schon nicht mehr so im Vordergrund wie bei den anlassbezogenen Events – und wenn doch, dann aus einem ganz bestimmten Grund, der mit der Veranstaltung erreicht werden soll. Zielbezogene Events sind Mittel zum Zweck. Sie genügen sich nicht selbst, weswegen die Ansprache der Zielgruppe wesentlich anspruchsvoller ist als bei anlassbezogenen Events.

Im weiteren Verlauf dieses Ratgebers finden Sie Anregungen und Vorschläge, die als Grundlage für Ihre Veranstaltungsrealisation dienen können. Bitte betrachten Sie die Vorgaben nicht als unabdingbares Muss, sondern sehen Sie diese eher als Leitplanken, die Ihnen den Weg weisen. Sie werden im Verlauf der Lektüre noch oft genug feststellen, dass das Gelingen eines Events kaum nach Plan funktionieren kann, sondern ein Prozess ist.

Von der ersten Idee zur gelungenen Veranstaltung

2

»Kein Plan überlebt die erste Feindberührung.«

Helmuth von Moltke, preußischer Generalfeldmarschall

2.1 Vom Ziel zur Zielgruppe

Feiern Sie einen privaten Geburtstag und scharen Ihre Familie und Ihre Freunde um sich, dann ist die Frage nach dem Ziel wahrscheinlich schnell und einfach beantwortet: ein schöner und gemütlicher Abend im Kreise lieber Menschen mit leckerem Essen und dem ein oder anderen Getränk.

Handelt es sich um ein beruflich begründetes Fest, dann ist die Antwort auf die Frage nach dem Ziel schon etwas komplexer. Wenn zum Beispiel ein Firmenjubiläum ansteht, sind es durchaus verschiedene Ziele, die ein Firmeninhaber unter einen Hut bringen möchte. Zum einen steht die Kontaktpflege zu den Kunden im Vordergrund. Jedoch sind auch die Neukundengewinnung und die Werbung nicht zu vernachlässigen. Denn welche Firma kann es sich schon leisten, nur am vorhandenen Kundenstamm festzuhalten und keine neuen Kunden erreichen zu wollen?

Ein weiteres Ziel ist in diesem Zusammenhang sicherlich auch die Kontaktpflege zu den Lieferanten und zu den Mitarbeitern. Falls es sich um eine interne Veranstaltung (Betriebsausflug oder Weihnachtsfeier) handelt, kann das Ziel ›Teambuilding‹ oder ›Motivation‹ sein. Auch ein Seminar mit dem Ziel der Weiterbildung kann der Anlass für einen Event sein.

Manche Events sind ausschließlich auf einen Zweck hin ausgerichtet. Ein schönes Beispiel sind Kunden-Incentives. Diese waren schon immer ein strategisches Werkzeug, besonders attraktive Kunden zu ›pampern‹, von Vertriebsleuten umgarnen zu lassen und ihnen jedes erdenkliche Wohl angedeihen zu lassen, um sie gewogen zu stimmen. Noch in den Neunzigern wurde hier kein Aufwand gescheut: Man ging bei Schumachers auf die Kartbahn oder gleich auf den Nürburgring zum Rennfahren, mietete feinste Hotels an, tischte auf und tagte bis in den gar nicht mehr so frühen Morgen hinein. So hielt man Kunden effektiv bei der Stange und bahnte außerdem noch den einen oder anderen Abschluss an. Heute sind diese Feiern allerdings nicht mehr so häufig.

Auf jeden Fall sehen Sie: Es sind die Ziele (und meist nicht der Anlass!), die die Zielgruppe definieren. Kehren wir zurück zu unserem Beispiel des Firmenjubiläums unter Einbindung der oben genannten Ziele (Kundenpflege, Kundenneugewinnung, Mitarbeiterzufriedenheit, Lieferanten- und Verbandskontakte, Imagepflege etc.). Daraus ergeben sich zum Beispiel folgende Zielgruppen:

- Kunden (mit/ohne Anhang)
- Lieferanten/Dienstleister
- Geschäftspartner
- Mitarbeiter (mit/ohne Anhang)
- Verbände (Innung, Handwerkskammer, IHK)
- Sonstige Organisationen
- Nachbarschaft, Öffentlichkeit
- Presse (regionale Presse, Fachpresse)
- Prominente (zum Beispiel Bürgermeister, Landrat)

Und daraus ergibt sich wiederum die Frage: Wie erreiche ich meine Zielgruppe? Dies ist eine zweigeteilte Frage. Als erstes sollten Sie sich Gedanken machen, was Ihre Zielgruppe überhaupt interessant findet. Im zweiten Schritt machen Sie sich an die Aufgabe, sie zu kontaktieren.

Und da sind wir wieder beim Nürburgring. Das ist sicher eine tolle Sache, wenn Sie mit vielen Privatunternehmen zu tun haben, vor allem in klassischen Branchen wie Bau und Handwerk, Handel, Kfz-Dienstleistungen, und vielleicht auch im produzierenden Gewerbe. Ihre eigenen Mitarbeiter zur Motivation dort hinzukarren, dürfte schwierig werden – und sehr teuer. Kontraproduktiv wird es, wenn die Zielgruppe entweder kein Interesse an Motorsport hat (versuchen Sie mal, Modedesignerinnen oder Fairtrade-Mitarbeiter dorthin zu bekommen!) oder aus Gründen des ›Code of Conduct‹ gar nicht teilnehmen darf. Sehr vielen potenziellen Gästen ist es mittlerweile aufgrund betriebsinterner Anti-Korruptions-Vorschriften untersagt, auf derart aufwendigen Feiern überhaupt zu erscheinen!

TIPP

Planen Sie immer Programme mit sittlichem Nährwert ein und stellen Sie auch Kundenveranstaltungen immer unter ein fachliches Thema. Reine Halligalli-Veranstaltungen sind zunehmend schwierig zu vermitteln.

Die zweite Frage ist einfacher zu beantworten: Sie erreichen Ihre direkte Zielgruppe über Adressen, die Sie in der Regel nicht von extern beschaffen müssen, sondern idealerweise in Ihren CRM-Systemen vorrätig haben.

Bei Kunden, Lieferanten, Geschäftspartnern und Mitarbeitern ist diese Frage schnell geklärt. Die Anschriften finden sich in der – hoffentlich gut gepflegten – eigenen Datenbank. Verbände, Kammern und sonstige Organisationen sind ebenso schnell im firmeneigenen Adressverzeichnis, ansonsten ohnehin im Internet zu finden. Die Frage, wie Sie Ihre Veranstaltung auch anderen Zielgruppen bekannt machen können, wird in Kapitel 3.7 *Kommunikation, Ankündigungen und PR-Arbeit* näher beschrieben.

Welche Art der Veranstaltung soll es denn nun sein? Ein großer Festakt mit geladenen Gästen? Ein Tag der offenen Tür, um das Unternehmen allen Interessierten vorzustellen? Eine Hausmesse, um neue Produkte präsentieren zu können? Oder einfach nur ein netter Abend mit allen Mitarbeitern – und eventuell deren Familien – sozusagen als Dankeschön für die geleistete Arbeit und Ansporn für die nächsten fünfundzwanzig Jahre? Je enger die Zielgruppe, desto intensiver können Sie die Ausrichtung betreiben, desto konfliktfreier agieren Sie im Zusammenspiel mit anderen Interessen. Denn eins ist sicher: Ihre Gäste werden sicherlich am fraglichen Tag auch andere Dinge tun können, als auf Ihren Event zu gehen.

TIPP

Achten Sie darauf, dass keine Überschneidungen mit anderen Veranstaltungen für die gleiche Zielgruppe bestehen. Berücksichtigen Sie Feiertage (auch für andere Bundesländer), Ferienzeiten und Brauchtum (zum Beispiel den Karneval oder das Oktoberfest). Richtig ungeschickt wäre es, wenn zum Termin eine Konkurrenzveranstaltung auf dem Plan steht.

Ein Geburtstagkind wird sicherlich am Tag selber oder ein paar Tage danach feiern. Einen Tag der offenen Tür oder eine Hausmesse können Sie jedoch so planen, dass keine Kollision mit anderen Terminen entsteht. Hier lohnt sich oft schon ein Blick in den Messekalender.

Ein Firmenjubiläum sollte schon im selben Jahr stattfinden, in dem das Jubiläum begangen wird. Sie haben aber im Zweifel genügend Möglichkeiten, sich einen geeigneten Termin zu suchen. Es muss ja nicht auf den Tag genau das Gründungsdatum sein. Planen Sie ein Sommerfest, dann berücksichtigen Sie bitte, dass es nicht während der Schulferien stattfindet.

TIPP **Berücksichtigen Sie auch große Sportereignisse (zum Beispiel Fußball-WM oder EM) bei der Terminwahl für Ihre Veranstaltung. Und wenn sich eine Kollision nicht vermeiden lässt, dann planen Sie ein internes Public Viewing mit ein.**

Sie sehen, um eine gelungene Veranstaltung im Kleinen oder Großen zu organisieren und auf die Beine zu stellen, müssen erst einmal die Köpfe rauchen. Wenn das Ziel und die Zielgruppe festgelegt sind und die Überlegungen, welche Art der Veranstaltung sinnvoll ist, abgeschlossen sind, dann kommen die nächsten Schritte. Diese bilden die verschiedenen Phasen der Eventorganisation: Planung – Durchführung – Abschluss.

TIPP **Wenn Sie Ihrer Veranstaltung ein Motto geben, kann sich dieses wie ein roter Faden durch die gesamte Veranstaltung ziehen; von der Einladung über die Dekoration bis zum Dankesschreiben.**

Im Eventmarketing spricht man von der Inszenierung eines Events. Wie bei der Dramaturgie eines Theaterstücks erfolgt der Ablauf eines Events in verschiedenen Schritten: Einleitung, Ereignis, Höhepunkt, Projektion und Ausklang. Wird diese Reihenfolge eingehalten, dann entsteht ein Spannungsbogen, der für die Vermittlung der Eventziele sorgt.

2.2 Die Phasen der Eventorganisation

Getreu dem Motto: ›Man muss die Feste feiern, wie sie fallen‹ kann man feste feiern oder Feste feiern. Im Laufe des Jahres finden sich viele verschiedene Anlässe und diverse Ideen, die es wert sind, ein Event zu planen. Mal ist es das hundertjährige Firmenbestehen, das schon Jahre im Voraus seine Schatten werfen kann. Mal ist es eine spontane Eingebung des Geschäftsführers, der die Saure-Gurken-Zeit aufpeppen will, damit ihm die Vertriebsleute nicht einschlafen. Egal was es ist, es beginnt immer mit der Idee.

Diese ist die erste von fünf verschiedenen Phasen
der Eventorganisation:

Phase 1: Idee oder Briefing
Phase 2: Vorprojektphase
Phase 3: Planungsphase
Phase 4: Durchführungsphase
Phase 5: Abschlussphase

Bevor Sie also richtig starten, gibt es einige Fragen zu beantworten.

Phase 1 – Idee oder Briefing

Stellen Sie sich folgende Fragen:
Warum soll es die Veranstaltung geben?
Gibt es einen Anlass? Und wenn ja, welchen?
Wer kann, wer soll und wer muss teilnehmen?
An welche Zielgruppe richtet sich die Veranstaltung?
Was möchten Sie mit Ihrem Fest, mit Ihrer Veranstaltung erreichen?
Welches Ziel hat die Veranstaltung?
Wie viel darf es kosten?
Was wird den Teilnehmern geboten?
Wann kann die Veranstaltung stattfinden?
Wo kann die Veranstaltung stattfinden?
Wie lange soll die Veranstaltung dauern?
Wer ist für die Organisation zuständig? Wer soll was erledigen?
Welche Rahmenbedingungen müssen beachtet werden?

Wenn Events nicht stattfinden, dann meist deswegen, weil auf diese Fragen keine befriedigenden Antworten gegeben werden konnten. Im Vergleich dazu sind Events, die spektakulär scheitern, eher selten. Sind die wichtigen Fragen gestellt, ergibt sich in der nächsten Phase die Prüfung, ob sich die Veranstaltung lohnt oder nicht.

Phase 2 – Vorprojektphase

Diese Phase gehört noch nicht zum eigentlichen Projekt. Als Erstes wird eine Grobplanung durchgeführt und danach wird entschieden, ob das Projekt realisiert werden kann. Die Fragen aus Phase 1 werden bei der Vorprojektphase näher betrachtet. Vor allem die Fragen zur Realisierung und zu den möglichen Kosten der Veranstaltung haben einen großen Stellenwert. Manche Projekte werden schon an dieser Stelle gestoppt. Sollte dies der Fall sein, dann sehen Sie einen Projektstopp keinesfalls als persönliches Scheitern an. Denn ein Projekt, und das ist jedes Event, welches nicht durchführbar oder nicht finanzierbar ist, kann nun mal nicht realisiert werden.

Phase 3 – Planungsphase

Die Grobplanung war erfolgreich, die Projektentscheidung ist gefallen, das Projekt startet und die Planungsphase beginnt. Die Planungsphase beginnt üblicherweise mit einer Art Kick-off. Die weitere Projektplanung beinhaltet das Projektziel, die Meilenstein- und Terminplanung sowie den Kostenplan (Budget). Alle weiteren Details dieser Phase sind ausführlich in Kapital 3 *Eventplanung* beschrieben. Die Planung ist das A und O einer Veranstaltung und nimmt naturgemäß nicht nur in diesem Ratgeber den größten Anteil ein.

Phase 4 – Durchführungsphase

Der eigentliche Event ist deckungsgleich mit der Durchführungsphase. Die Einzelheiten sind in Kapital 5 *Durchführung: Tag der Veranstaltung* beschrieben. Die Durchführungsphase kann je nach Art der Veranstaltung einige Stunden, einen ganzen Tag oder manchmal mehrere Tage dauern. In jedem Fall ist sie meist die kürzeste von allen – aber die einzig sichtbare. Deswegen ist sie für die Verantwortlichen meist so stressig.

Phase 5 – Abschlussphase

Und da man so schön sagt: Nach der Veranstaltung ist vor der Veranstaltung, darf auch die Abschlussphase (Kapitel 6) nicht fehlen. Hier reichen die Aufgaben von Abbau und Reinigung über das Auswerten der Feedbackbögen bis zum Dankesschreiben und der Rechnungskontrolle.

3 Eventplanung

»Gäbe es die letzte Minute nicht, so würde niemals etwas fertig.«

Mark Twain, US-amerikanischer Schriftsteller und Philosoph

Wer kennt das nicht? Niemand fühlt sich zuständig, nichts klappt (so scheint es zumindest), der Adrenalinspiegel steigt, der Puls rast und alles scheint sich gegen Sie verschworen zu haben. Sie fühlen sich verraten und verkauft und selbst die wichtigsten Aufgaben werden auf den letzten Drücker erledigt. In Ihrer Not entscheiden Sie über Dinge, für die Sie eigentlich kein Plazet haben. Und dadurch bekommen Sie zu allem Überfluss auch noch ein schlechtes Gewissen.

Um solche Situationen zu vermeiden, lege ich Ihnen für Ihre Veranstaltungsplanung drei wichtige Punkte ans Herz, die Sie als allererstes klären sollten:

- Wer ist für welche Aufgabe zuständig?
- Bis zu welchem Termin muss welche Aufgabe erledigt sein?
- Kontrollieren Sie, dass die Termine eingehalten werden.

Ob Tag der offenen Tür, Firmenjubiläum, runder Geburtstag, Eröffnung eines neuen Bürohauses, ein Sommerfest oder die alljährliche Weihnachtsfeier: Der Erfolg eines Events steht und fällt mit der sorgfältigen Vorbereitung, denn diese ist die halbe Miete.

Der Termin für die Veranstaltung steht und die Planung nimmt ihren Lauf. Legen Sie außer dem Datum auch den Beginn und die Dauer fest. Nur selten findet ein Event mit open end statt. Für eine realistische Einsatzplanung des Personals und der engagierten Dienstleister sowie für die Einhaltung des Budgets brauchen Sie einen Zeitpunkt, wo der Hammer fällt.

TIPP

Bei allen Projekten – so auch bei der Eventplanung – gibt es drei Faktoren, die unbedingt eingehalten werden müssen. Dies sind:

1. Die Kosten: Sie müssen das Budget einhalten.
2. Der Termin: Sie müssen einen bestimmten Termin einhalten.
3. Die Qualität: Sie müssen die geforderte Qualität liefern.

Diese drei Faktoren bilden das sogenannte Magische Dreieck, welches ein sinnvolles Controlling Instrument ist.

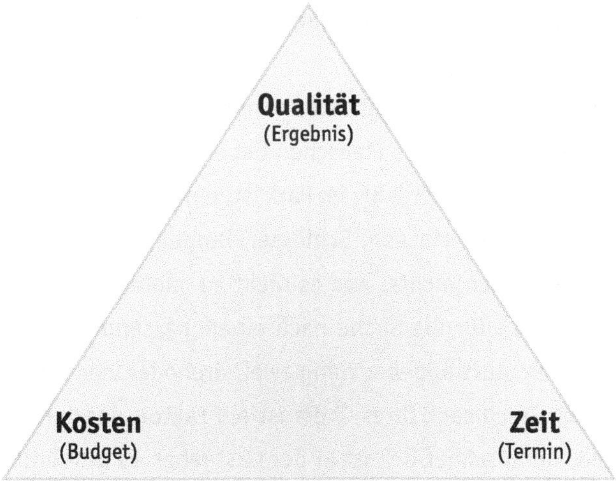

Magisches Dreieck

Ändert sich einer der Faktoren, so hat dies unmittelbar Auswirkungen auf die anderen beiden Faktoren. Sollte das der Fall sein, müssen Sie zwingend Ihren Vorgesetzten oder Ihren Auftraggeber informieren.

Bevor wir nun die Parameter der Eventplanung durchgehen, vorweg ein kleiner Hinweis, der Sie beruhigen wird: Es gibt (fast) nichts, was man nicht mieten oder leihen kann.

3.1 Location: Der richtige Event am richtigen Ort

Die Art der Veranstaltung steht fest, der Termin auch. Jetzt ist es wichtig, eine passende Location zu finden. Fangen Sie frühzeitig damit an – und das kann durchaus zehn bis zwölf Monate vor der Veranstaltung sein –, einen geeigneten Ort für Ihre Feier zu suchen.

Zur Location zählen auch alle notwendigen Nebenräume wie sanitäre Einrichtungen, Garderobe, Lager, Tagungsbüro, Parkmöglichkeiten etc.

Eventlocations sind in den letzten Jahren stellenweise wie Pilze aus dem Boden geschossen. Die Menschen lieben Abwechslung und Exklusivität: ob es die Jugendstilvilla im Park ist, ein altes Industriegebäude oder eine Werkshalle, Museen, Schlösser, Burgen, Kirchen oder Schiffe: Es gibt eigentlich nichts, was es nicht zu mieten gibt. Verwenden Sie genügend Zeit für die Suche nach einem passenden Rahmen und geben Sie Ihrem Auftraggeber ruhig zwei, drei oder vier Locations zur Auswahl. Der Geschmack Ihres Chefs ist ein Faktor, der durchaus eine Rolle spielt, denn schließlich ist er der Gastgeber. Es gibt mittlerweile sogar Location Scouts, die bei Auswahl und Anmietung beraten. Bei den nützlichen Anschriften im Anhang finden Sie einige Anregungen und interessante Internetadressen.

TIPP

Klären Sie auf jeden Fall ab, ob Sie die Location exklusiv mieten können oder ob noch andere Veranstaltungen zur gleichen Zeit dort stattfinden. Dann könnten eventuell ungeplante oder unangenehme Situationen entstehen.

Gäste

Behalten Sie bei der Wahl der Location immer Ihre Zielgruppe im Blick. Zielgruppe sind insbesondere die geladenen Gäste, um deren Wohl es geht. Den 75. Geburtstag der Großmutter werden Sie – im Gegensatz zum 18. Geburtstag des Enkels – nicht unbedingt im Kletterwald feiern wollen.

Im Unternehmensalltag haben Sie es zwar nur selten mit gebrechlichen Gästen zu tun. Achten Sie trotzdem darauf, dass Sie es niemandem zu schwer machen. Steile Treppen, enge Räume, schwer zugängliche Toiletten sind nichts für einen gediegenen Anlass. Barrierefreiheit ist Pflicht, wenn Sie wissen, dass Gäste mit körperlichen Einschränkungen anwesend sind. Beweisen Sie Feinfühligkeit! Ein Gast muss nicht zwingend im Rollstuhl sitzen, damit Sie auf ihn Rücksicht nehmen. Wenn Sie wissen, dass ein Geschäftspartner drei Zentner auf die Waage bringt, ist es ein Zeichen der Höflichkeit, ihn keinen schweißtreibenden Aktivitäten auszusetzen.

Lage und Infrastruktur

Die Lage Ihrer Eventlocation ist ein immens wichtiger Faktor. Sie wollen es den Gästen schließlich einfach machen. Wenn Sie sich nun in die Lage versetzen, unter welchen Umständen Sie selbst gerne zu einer Feier reisen, haben Sie bereits alle wichtigen Anhaltspunkte.

Zunächst darf die Anreise nicht zu lang sein. Je abgelegener der Ort, desto mehr müssen Sie bieten, damit die Gäste immer noch bereit sind, den Weg auf sich zu nehmen. Berücksichtigen Sie Anfahrtswege mit dem Auto ebenso wie mit öffentlichen Verkehrsmitteln. Viele Nebenfragen tun sich auf: Stehen Parkplätze zur Verfügung? Können Gäste übernachten? Ist es sinnvoll einen Shuttle-Dienst einzurichten? Bedenken Sie, dass Menschen gerne Alkohol trinken. Das ist nun mal so, selbst wenn es nicht viel ist. Sorgen Sie bei Feiern also dafür, dass es Alternativen zur An- und Abreise mit dem eigenen Auto gibt, denn nach dem zweiten Glas ist man nun mal fahruntüchtig.

Kurze Anfahrtswege gelten auch für deutschlandweite Ereignisse. Hier berücksichtigen Sie zusätzlich, dass wohl viele Gäste mit dem Fernzug oder Flugzeug anreisen und meist keine Lust haben, noch auf ein Mietauto umzusteigen. Wenn Sie die landschaftlichen Reize der Hocheifel oder der Altmark schätzen, sollten Sie sich diese Gegenden eher für betriebsinterne Tagungen reservieren.

Eine Lage sollte aber nicht nur günstig, sondern auch reizvoll sein. Natürlich eignet sich ein Hotel auf einer Autobahnraststätte notfalls für eine kleine Vertriebstagung. Aber im Regelfall sollten es Teilnehmer selbst von Arbeitstreffen doch etwas hübscher haben. Tagungshotels achten von selbst auf ihre Erscheinung; fast alle von ihnen findet man

– nach Preisklasse sortierbar – in den einschlägigen Buchungsportalen.

Bei Feiern wird es etwas anspruchsvoller, zumindest wenn Sie ein gewisses Extra bieten möchten. Je ausgefallener das Gebäude, desto unwichtiger wird der Reiz der Lage und umgekehrt. Achten Sie aber darauf, dass niemals beide Kriterien untererfüllt sind. Perfekt, aber teuer ist ein alleinstehendes, exklusiv anmietbares Gebäude in einem innerstädtischen Grünzug. Preislich günstiger sind städtische Rand- und Insellagen, etwa Kultur- und Subkulturlandschaften in Industriebrachen. Genauso können Sie aber mit einer Weinverkostung in einer einfachen Hütte mitten im Hang punkten. Es kommt letztlich auf den Geschmack Ihres Publikums an.

Ambiente

Eine Location lebt von ihrem Ambiente. Das wissen selbst Physikstudenten, wenn sie ihre Fakultätsparty mangels Fantasie in der Cafeteria veranstalten und behelfsmäßig Krepppapier über die Neonlampen kleben. Von Ihnen allerdings wird mehr erwartet. Der Rahmen soll je nach Anlass Gemütlichkeit oder mondänen Glanz verströmen, Naturverbundenheit demonstrieren oder Abenteuerlust wecken.

Das Schlimmste, was Ihnen passieren kann, ist, dass Gäste später über die Location lästern. Wenn Sie den Eindruck erwecken, eine Bude unter Niveau organisiert zu haben, verkehrt sich die Großzügigkeit einzuladen in ein Bild von Geiz und Weltfremdheit. Machen Sie sich daher unbedingt selbst ein Bild von den örtlichen Gegebenheiten und wägen Sie ab, ob Mängel behoben oder kaschiert werden können.

Natürlich gibt es auch ein too much. Wie beim Dienstwagen auch, gilt es ein geschmackliches und materielles Fenster zu treffen, das nicht aus dem Rahmen fällt. Der Finanzminister des Sonnenkönigs Ludwig XIV., Nicolas Fouquet, lud diesen einmal nach Vaux-le-Vicomte zu einem Fest ein, dessen Prunk und Glanz selbst Versailles weit in den Schatten stellte. Ludwig war alles andere als geschmeichelt. Er entzog seinem Minister die Gunst, setzte ihn ab, warf ihn in den Kerker – und übernahm seine Gärtner und Feuerwerksmeister. Das blüht Ihnen zwar nicht, aber wenn Sie zu dick auftragen, gibt das sehr wohl zu Getuschel Anlass, was Sie denn mit dem Geld Ihrer Kunden so alles anstellen.

Wetter

Wichtiger als viele glauben sind die Witterungsbedingungen. Diese können Sie in einem voll klimatisierten Kongresszentrum zu Recht vernachlässigen, aber wohl nirgendwo sonst. Planen Sie mit Außengastronomie im Sommer? Berücksichtigen Sie Schirme und Schattenplätze. Niemand isst gerne im dunklen Anzug unter gleißender Julisonne. Lassen Sie ein Zelt im Winter aufstellen und beheizen? Tun Sie etwas gegen die Kälte von unten. Die ist die schlimmste, denn sie attackiert Ihre Gäste an den Füßen!

Das Wetter kann sich rasant ändern. Ihr schlimmster Feind ist ein Gewitter mit Platzregen, das auf eine Feier in offenem Gelände hereinbricht. Aber auch gegen plötzliche Windstöße sollten Sie immer Schutz oder Rückzugsmöglichkeit für die Gäste einplanen. Bei der Auswahl der Location ist dies ein wichtiger Aspekt. Manche Orte sind überhaupt nur für bestimmte Jahreszeiten geeignet. Das gediegene Café im botanischen Garten, dessen Charme in der Sonnenterrasse mit der zauberhaften Aussicht auf die wundervolle Pflanzenpracht in Frühjahr und

Sommer liegt, ist nicht unbedingt der geeignete Raum für eine Weihnachtsfeier. Außer natürlich, wenn es Ihnen gelingt, den Glaspavillon mit einem eigenen weihnachtlichen Zauber zu versehen. Aber das sind schon Aufgaben für Fortgeschrittene.

Berücksichtigen Sie für Ihre Gäste alle inneren und äußeren Aspekte einer möglichen Location, aber auch ihre Lage, die Jahreszeit und das Wetter. KOMPAKT

Hotelzimmer

Benötigen Sie nur Tagungskapazitäten beziehungsweise Räume für die Feier oder auch Hotelübernachtungen? Falls Ihre Veranstaltung mehrtägig ist oder es sich um eine Abendveranstaltung handelt und/oder die Gäste eine weite Anreise haben, werden in jedem Fall Hotelzimmer benötigt. Nachfolgende einige Punkte, die im Vorfeld abzuklären sind:

- Gibt es im Tagungshotel ausreichende Zimmerkapazitäten?
- Wie viele Einzelzimmer und Doppelzimmer werden voraussichtlich benötigt? Und wie viele davon sind direkt im Tagungshotel vorhanden?
- Können Zimmerkontingente in anderen Hotels in der Nähe gebucht werden? Sind diese Hotels ohne hohen Aufwand, idealerweise fußläufig zu erreichen?

Wenn Sie ein Zimmerkontingent reservieren, stellt sich die Frage, ob die Zimmer über Sie beziehungsweise den Veranstalter gebucht werden oder ob Sie Abrufkontingente vereinbaren. Beim Abrufkontingent kann jeder Gast sein Zimmer unter einem festgelegten Stichwort selbst buchen, also abrufen. Zahlen tut er dann selbst.

TIPP

Üblicherweise wird ein Termin festgelegt, nach dem die nicht abgerufenen Zimmer wieder in den freien Verkauf gehen. Die Frist für das Abrufkontingent sollte nicht zu kurz sein, damit Ihre Gäste die An- und Abreise in Ruhe und nicht unter Zeitdruck planen können.

Legen Sie fest, wer die Kosten für die Zimmer trägt. Ist eine Kostenübernahmeerklärung erforderlich? Wie sehen das Zahlungsziel, die Stornobedingungen und die AGBs aus?

Gibt es ausreichend Parkplätze? Sind diese kostenfrei oder kostenpflichtig? Wer übernimmt die Parkkosten? Falls Sie als Veranstalter beziehungsweise Gastgeber die Kosten übernehmen, kann sich das als zusätzlicher Punkt in Ihrem Budget auswirken.

Nicht zuletzt: Wann ist die früheste Check-in-Zeit und wann die späteste Check-out-Zeit? Die Beantwortung dieser Frage kann zum Gelingen Ihrer Veranstaltung beitragen. Dass es leider auch anders geschehen kann, zeigt die folgende Geschichte:

Ein befreundeter Musiker erzählte von einem Auftritt bei einer Hochzeit, bei der die Gäste – und der Musiker – in einer Art Gästehaus untergebracht waren. Leider hatte das Brautpaar – oder vielleicht war es auch ein überforderter Hochzeitsplaner – vergessen, den Betreiber des Gästehauses nach den Check-out-Zeiten zu fragen. Die Gäste erfuhren bei der Ankunft, dass das Frühstück um acht Uhr serviert wurde und um 9 Uhr die Zimmer geräumt werden mussten. Sie können sich sicherlich vorstellen, dass die Hochzeitsgäste – die Feier ging bis in die frühen Morgenstunden – von diesen Zeiten nicht gerade begeistert waren.

TIPP

Denken Sie frühzeitig daran, auch die Akteure, die in Abschnitt 3.3 näher beschrieben werden, standesgemäß unterzubringen. Idealerweise wohnen die Akteure, vor allem Künstler und Redner, in der Nähe der Veranstaltungslocation. Damit können wertvolle Transferzeit und der Einsatz von Shuttlefahrzeugen eingespart werden.

Bestuhlung

Zur Location gehört natürlich auch die Bestuhlung beziehungsweise die Möblierung. Ob Sie nun einen Empfang, eine Tagung, einen Vortrag, ein Geburtstagsessen oder eine Party planen. Für unterschiedliche Veranstaltungsformen gibt es die unterschiedlichsten Möglichkeiten der Bestuhlung.

Bei einem Empfang reichen üblicherweise Stehtische, auf denen Sie ein Glas oder einen kleinen Teller abstellen können. Seminare und Workshops werden oftmals mit einem Stuhlkreis oder mit Tischen und Stühlen in U- oder Blockform durchgeführt.

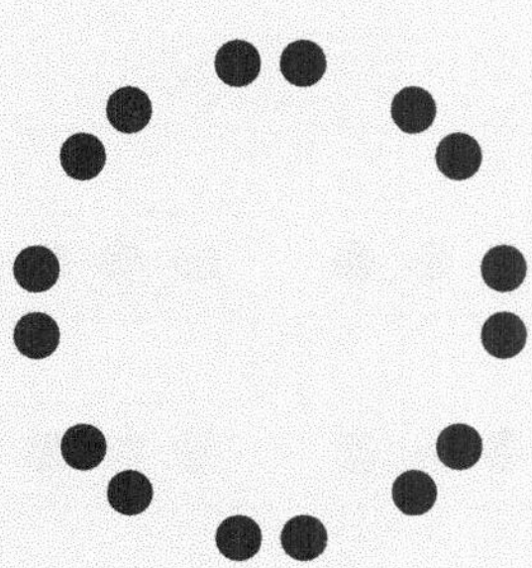

Stuhlkreis

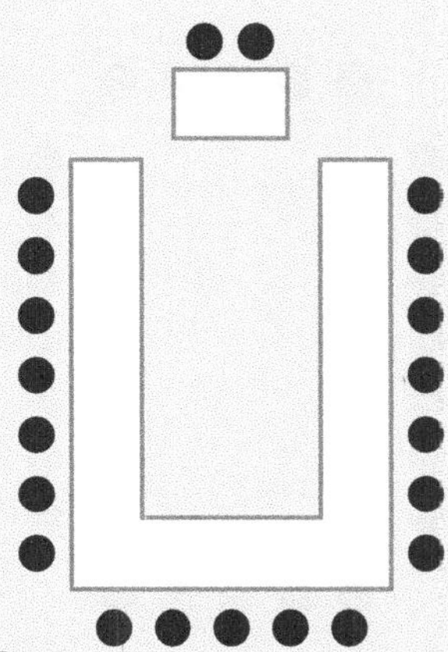

U-Form

Für Besprechungen und Sitzungen bieten sich die U-Form, die Blockform, die T-Form oder auch ein Karree an.

Blockform

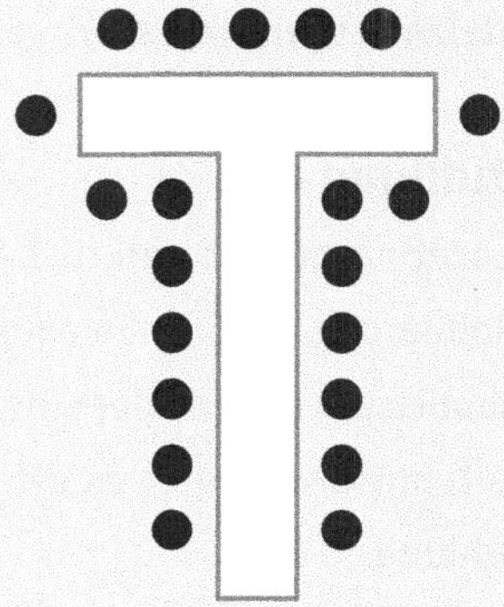

T-Form

Bei Tagungen, Konferenzen und Kongressen wird der Saal überwiegend parlamentarisch bestuhlt oder mit Stuhlreihen bestückt.

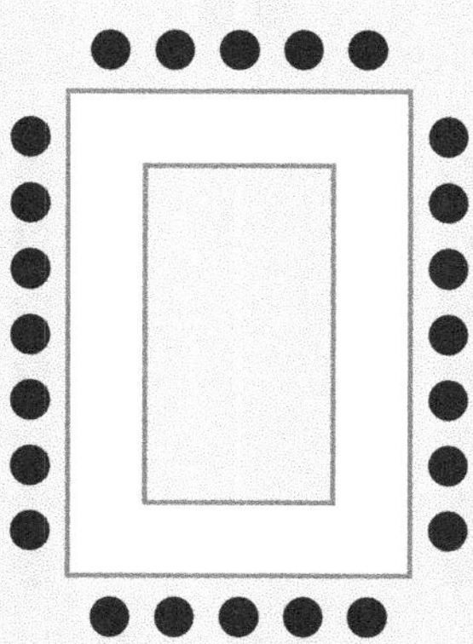

Karree

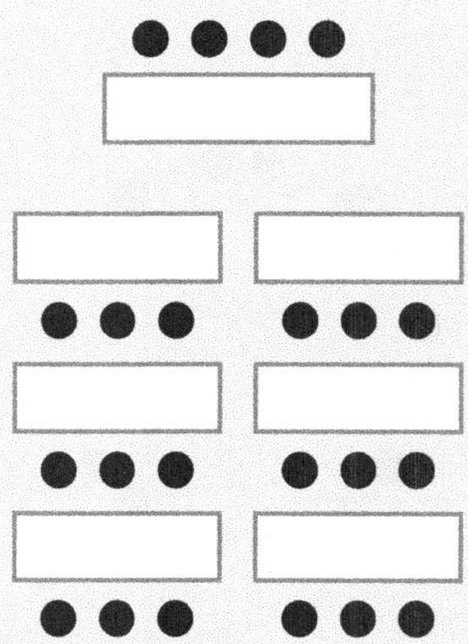

Parlamentarisch

Für Vorträge bieten sich Stuhlreihen an, zur besseren Sicht der Teilnehmer auf das Geschehen auf Bühne und den Referenten wählen Sie die Theaterbestuhlung, das bedeutet, dass die Stühle versetzt aufgestellt sind.

Stuhlreihen

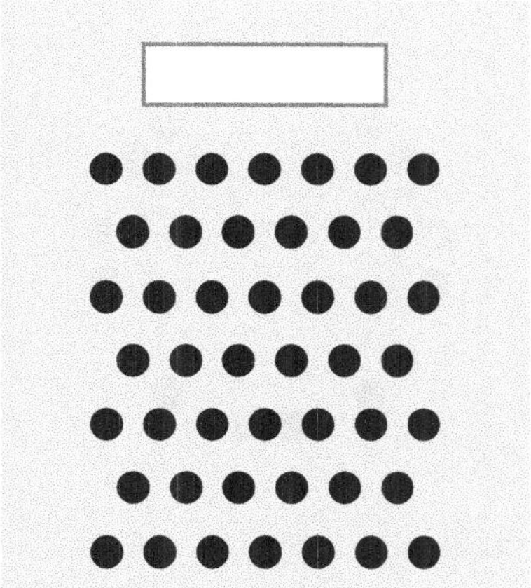

Theaterbestuhlung

Eine festliche Gala oder ein Geburtstagsessen brauchen einen besonderen Rahmen. Runde Tische oder eine lange Tafel sorgen für eine besonders festliche Atmosphäre.

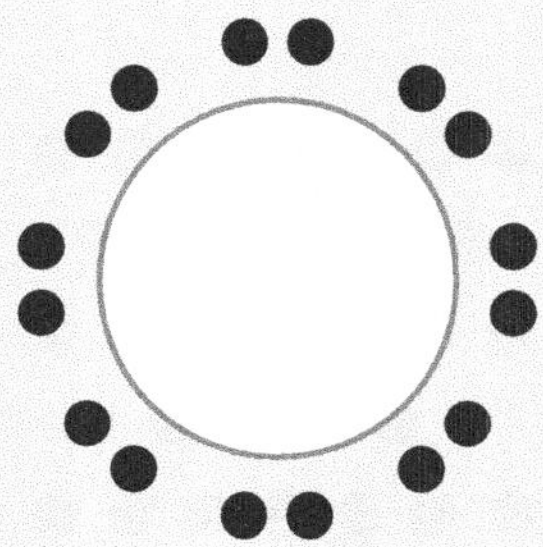

Runde Tische

Eckige Tische

TIPP

Achten Sie bei einer langen Festtafel auf die Breite der Tische: sind diese zu schmal, fühlen sich die Gäste wie im Schützenzelt und es führt leicht zu Kollisionen mit Geschirr, Besteck und Gläsern. Sind die Tische zu breit, dann ist eine Kommunikation mit dem Gegenüber über den Tisch nur mit Mühe möglich. Spielt dazu noch Musik, so findet kein Gespräch, sondern ein Anschreien statt.

Für eine Party, bei der nach dem Essen auch kräftig das Tanzbein geschwungen werden soll, organisieren Sie praktischerweise eine Mischbestuhlung: Sitzmöglichkeiten für das Essen, Stehtische, Platz für eine Tanzfläche und vergessen Sie die Theke nicht: denn das ist immer noch der schönste Platz.

Hotels und Tagungsstätten haben üblicherweise Unterlagen über die Größe der vorhandenen Räume mit der Angabe, wie viele Personen bei welcher Bestuhlung und in welchen Raum passen. Besorgen Sie sich einen Grundriss für die Location.

TIPP

Sollten Sie die Veranstaltung in eigenen Räumen durchführen, werden Sie wahrscheinlich Stühle und Tische mieten. Hier empfiehlt sich ein ausführliches Vorgespräch mit dem entsprechenden Dienstleister inklusive einer gemeinsamen Ortsbesichtigung.

Tische und Stühle sollten natürlich zueinanderpassen. Zum hölzernen Gartentisch, der dann auch noch seinen Zweck ohne Tischwäsche erfüllen soll, passt nicht unbedingt ein Polsterstuhl oder ein Stuhl mit einer eleganten Husse. Ebenso wenig passen eine Bierbank und eine weiß gedeckte Tafel mit silbernem Besteck und Meissener Porzellan zusammen. Diese Beispiele klingen vielleicht etwas sehr konstruiert, aber Sie glauben gar nicht, welche Stilbrüche passieren können, die dann nicht unbedingt zum Erfolg der Veranstaltung beitragen.

Um keine unliebsamen Überraschungen zu erleben, buchen Sie keine Location, die Sie nicht selbst besichtigt haben. Papier ist bekanntlich geduldig; dies gilt auch für Fotos. Und auch die eine oder andere Website vermittelt eine tolle Atmosphäre, die sich bei persönlicher Betrachtung dann leider schnell in Schall und Rauch auflösen kann.

TIPP

Dekoration

Es gibt Räume, die strahlen einen gewissen Charme aus und jede weitere Dekoration ist überflüssig. Eventuell reichen auch die im Unterkapitel *Beschilderung* erwähnten Banner und Tafeln aus, um eine schöne Atmosphäre zu zaubern. Oder die in Kapitel 3.4 beschriebene Beleuchtung wirkt hier voll und ganz. Die Erfahrung zeigt jedoch, dass die meisten Räume sehr schlicht gehalten sind und durchaus etwas Deko-Material vertragen können.

Ob Sie nun in üppigen Blumengebinden schwelgen oder eine einzelne Gerbera-Blüte in einer schmalen Vase mitten auf den Tisch stellen: Die Dekoration ist ein nicht zu vernachlässigender Punkt in Ihrem Budget. Falls Sie aus dem Vollen schöpfen können und möchten: Blumen, Pflanzen und Bäume sind im Veranstaltungsbereich übliche Mietgegenstände. Kreative Dienstleister gestalten Ihren Veranstaltungsraum dem Motto und dem Anlass angemessen.

TIPP **Erhält der Referent oder einer der Akteure als Dankeschön einen Blumenstrauß? Vergessen Sie nicht, diesen rechtzeitig zu bestellen. Besonders charmant wirkt ein Blumengebinde in den Farben Ihres Firmenlogos (sofern sich das realisieren lässt). Halten Sie ein Tuch bereit, damit Sie oder der Gastgeber den Strauß nicht mit nassen Händen überreichen müssen.**

Zelte und fliegende Bauten

Vielleicht müssen Sie den Raum der Veranstaltung sogar selbst schaffen. Das ist dann der Fall, wenn Sie auf der grünen Wiese feiern und Sie ein Zelt aufstellen lassen müssen. Oder wenn die zur Verfügung stehenden Räume zu klein sind und Sie diese mit einem Zelt ergänzen und erweitern müssen.

Bei der Nutzung eines Zeltes stellen sich besondere logistische Herausforderungen. Wie ist der Untergrund, auf denen das Zelt aufgebaut werden soll, geschaffen? Sind vorbereitende Maßnahmen für den Aufbau erforderlich? Gibt es Zufahrtswege, die von den Teilnehmern gefahrlos genutzt werden können? Wie sieht die Situation bei Regen und schlechtem Wetter aus? Können die Wege kurzfristig mit Schottersteinen oder Holzbohlen verschönert werden?

Alle diese Fragen lassen sich am besten mit einem erfahrenen Dienstleister klären, der auf den Aufbau und die Vermietung von Zelten spezialisiert ist.

Auch die Ausstattung des Zeltes ist ein wichtiger Punkt. Ich habe schon Zelte gesehen, die durch eine exklusive Innenausstattung (Teppichboden, Gardinen und der passenden Möblierung) kaum von einem Saal in einem festen Gebäude zu unterscheiden waren. Selbstverständlich dürfen auch Heizanlagen nicht fehlen, falls Ihr Event nicht im Hochsommer stattfindet.

Berücksichtigen Sie auch das Thema der sanitären Anlagen. Falls diese nicht vorhanden sind, müssen auch Toilettenwagen organisiert werden. Stellen Sie bloß keine Einzelhäuschen auf, wie man sie von Baustellen oder Rockkonzerten kennt!

Zum Schluss sei noch erwähnt, dass bei Zelten, die zu den fliegenden Bauten gehören, bestimmte rechtliche Vorschriften zu berücksichtigen sind. Für die Klärung dieser Fragen ist der kompetente Dienstleister der richtige Ansprechpartner.

TIPP

Checken Sie den Vertrag, den Sie mit dem Vermieter der Location abschließen, sorgfältig und vereinbaren Sie, wer für Sie als Ansprechpartner fungiert.

3.2 Budget: Verlieren Sie nicht die Kosten aus dem Blickfeld

Sie müssen nicht im Lotto gewonnen haben, um einen schönen Event zu planen, ein solides Budget spielt jedoch eine wichtige Rolle für den Erfolg einer Feier.

Üblich sind zwei Vorgehensweisen: Entweder Sie erhalten ein Budget vorgegeben, sprich: Sie erhalten einen Betrag, den Sie ausgeben dürfen. Oder Sie erstellen ein Budget, sprich: Sie kalkulieren die Kosten, die für die gesamte Veranstaltung anfallen.

Die Gesamtkosten – man spricht auch von Projektkosten – einer Veranstaltung setzen sich aus allen Kosten zusammen, die bei der Planung und Durchführung anfallen:

Fixe Kosten + variable Kosten	Personaleinzelkosten + Sacheinzelkosten + Gemeinkosten
= Fremdleistungskosten	**= Selbstkosten**

Hier einige Erläuterungen zu den einzelnen Kostenarten:
Fixe Kosten sind unabhängig von der Teilnehmerzahl und ändern sich nicht mit der Teilnehmerzahl. Zu den fixen Kosten zählen unter anderem Miete, Strompauschalen und Technik.

Variable Kosten sind abhängig von der Teilnehmerzahl und ändern sich entsprechend. Zu den variablen Kosten gehören zum Beispiel Catering, Give-aways, Druckkosten für teilnehmerbezogene Unterlagen, Shuttleservice, Übernachtungskosten.

Die Personaleinzelkosten beinhalten die Kosten für den Projektleiter und die Teammitglieder. Die Sacheinzelkosten umfassen zum Beispiel Material, Porto etc. und können dem Projekt direkt zugerechnet werden.

Die Gemeinkosten beinhalten die Kosten (des eigenen Unternehmens) für anteilige Büromiete, Fuhrpark, Strom, Heizung etc. und können nur indirekt dem Projekt zugerechnet werden.

Bei den Selbstkosten kalkulieren Sie bitte unbedingt einen Aufschlag von zehn bis fünfzehn Prozent als Reserve ein. Die werden Sie im Pannenfall brauchen.

Alle diese Kosten ergeben nun das Budget. Sollten Sie eine Budgetvorgabe erhalten haben, werden die Personaleinzelkosten und Gemeinkosten häufig nicht einberechnet, weil sie nicht ausgabenwirksam sind. Damit sinkt ihr Budget entsprechend. In diesem Fall ist es sehr wichtig, dass Sie trotzdem legitimiert sind, auf interne Personalressourcen zuzugreifen. Wie oft habe ich schon erlebt, dass Abteilungen netterweise ihre Teamassistentin abgestellt hatten und sie dann plötzlich wieder zurückziehen wollten, weil zwischenzeitlich zu viel neue Arbeit anfiel. Das geht natürlich nicht. Notfalls muss der gemeinsame Vorgesetzte schlichten oder eine Entscheidung treffen.

TIPP **Klären Sie unbedingt, wer welche Kosten trägt, damit es nicht zu einem Finanzierungsloch kommt. Vielleicht gibt es ja unterschiedliche Möglichkeiten der Finanzierung. Siehe auch Kapitel 4: *Exkurs zum Thema Sponsoring und Kooperationen*.**

Werden durch Veranstaltungen auch Einnahmen erzielt? Eventuell durch Eintrittsgelder, Verkauf von Merchandisingartikeln, Vermietung von Standflächen oder Kooperationen? Dann müssen natürlich nicht nur die Ausgaben, sondern auch die Einnahmen – speziell die Eintrittspreise – kalkuliert werden. Eine Aufstellung aller Positionen, die es zu berücksichtigen gilt, finden Sie in Kapitel 9 *Checklisten*.

KOMPAKT **Nehmen Sie sich die Zeit, alle Positionen, die Kosten verursachen könnten, aufzulisten. Während der Planung müssen die Kosten ständig im Blick gehalten werden. Berücksichtigen Sie auch die steuerrechtlichen Fragen.**

Wenn Sie in die Budgetplanung einsteigen, stellt sich spätestens jetzt die Frage: Ist es ratsam, mit einer Eventagentur zusammenzuarbeiten? Die Fremdleistungskosten werden unweigerlich in die Höhe gehen, soviel ist sicher. Dafür bekommen Sie allerdings echte Profis an die Seite gestellt, die häufig vor Ideen strotzen und Dinge auf die Beine stellen, an die Sie nicht einmal gedacht haben. Außerdem haben Sie dann immer jemanden, an den auch Sie einmal Dinge delegieren können.

Die Antwort auf diese Frage hängt aber noch von anderen Faktoren ab. Wenn es ein großer Event werden soll, ist eine Agentur allein aufgrund ihrer Erfahrung und ihrer Verbindungen zu Künstlern und Dienstleistern nützlich. Sie werden gegenüber Ihren Auftraggebern im Unternehmen eine Eventagentur umso leichter anbringen können, je mehr für diese auf dem Spiel steht. Missbrauchen Sie aber nicht deren Vorsichtsprinzip! Sie werden sich keinesfalls zurücklehnen, die Füße hochlegen und die Agentur alles machen lassen können. Sie werden nach dem Projektfortschritt gefragt – und wehe Ihnen, wenn man Ihnen nachweist, dass Sie keinen Überblick darüber haben, was der Stand der Dinge ist!

3.3 Akteure: Vom Orgateam zum Keynote-Speaker

Eine erfolgreiche Veranstaltung steht und fällt mit der sorgfältigen Auswahl der verschiedenen Mitwirkenden.

Orgateam

Bevor die Vorbereitung startet, gilt es noch das Organisationsteam festzulegen. Die Aufgaben sollten bei wichtigen Veranstaltungen auf mehrere Schultern verteilt werden und ein Krankheitsfall darf nicht den Event gefährden.

Wie viele Personen eingebunden werden, hängt von der Größe der Veranstaltung und diversen anderen Faktoren wie zum Beispiel dem Budget ab. Die Weihnachtsfeier für fünfundzwanzig Personen lässt sich meist noch gut vom Einzelkämpfer auf die Beine stellen. Sollte es sich um eine komplexere Veranstaltung handeln – eventuell sogar mit mehreren Hundert Teilnehmern – dann ist das für eine Person nicht wirklich zu stemmen.

Gehen wir also in der weiteren Planung von einem größeren Event aus. In der Regel wird ein Organisationsteam von drei bis fünf Personen benötigt und ich setze an diesem Punkt einfach mal voraus, dass Sie selbst – die Leserin oder der Leser dieses Ratgebers – den Part des Eventmanagers beziehungsweise der Projektleiterin übernehmen. Stellen Sie sich nun Ihr Team aus Personen mit unterschiedlichen Fähigkeiten zusammen. Wem nützt es, wenn alle Beteiligten gute Einladungen formulieren oder super zeichnen können, aber niemand technisches Verständnis hat. Vor allem dann nicht, wenn Sie für Ihr Event umfangreiche Veranstaltungstechnik benötigen.

Ich habe die Erfahrung gemacht, dass sich Menschen mit unterschiedlichen Talenten in einem Team gegenseitig inspirieren und dadurch tolle Ideen entstehen. Sie sind auch eher in der Lage solidarisch zu handeln und im Notfall füreinander einzustehen.

TIPP **Falls Sie in einem großen Unternehmen arbeiten: Holen Sie Kollegen und Kolleginnen aus anderen Abteilungen mit ins Boot. Und ganz wichtig: Es müssen nicht nur Kollegen oder Kolleginnen aus der gleichen Hierarchieebene sein. Warum nicht mal den Azubi oder die Praktikantin mit einbinden? Junge Menschen haben oft eine andere Sicht auf die Dinge – und die ist gar nicht so verkehrt.**

Und nun kommt die Veranstaltung vor der Veranstaltung: das Kick-off-Meeting. Verkennen Sie bitte nicht die enorme Wichtigkeit dieses Meetings. Beim Kick-off lernen sich die Teammitglieder üblicherweise kennen, falls es sich nicht sowieso schon um bekannte Kollegen handelt. Die Eckdaten des Events werden besprochen und erläutert, die verschiedenen Aufgaben und Rollen werden verteilt und das erste Brainstorming findet statt.

Leider erleben wir immer wieder, dass sich erst einmal die Sekretärin oder Assistentin mit der Planung einer Veranstaltung beschäftigt. Und das natürlich so ganz neben ihren sonstigen Aufgaben. Und plötzlich stellt der Chef oder die Geschäftsleitung fest: Das ist ja ganz schön viel Arbeit, das schafft eine Person ja gar nicht alleine. Und dann werden kurzfristig zusätzliche Helfer aus dem Hut gezaubert (oder auch nicht). Da diese Menschen nicht von Anfang an in die Planung involviert waren, können sie ihr Know-how nicht wirklich mit einbringen und gutes Potenzial wird vergeudet beziehungsweise nicht voll ausgeschöpft. Deshalb mein Rat: Planen und arbeiten Sie von Beginn an mit einem guten Team – dann ist der Erfolg Ihrer Veranstaltung vorprogrammiert. Es ist ein unausweichliches Muss festzulegen, wer letztendlich den Hut aufhat.

Beim Kick-off-Meeting verteilen Sie direkt eine Liste mit den Kontaktdaten der Teammitglieder. Diese Liste erweitern Sie, je mehr Partner, Dienstleister und Akteure Sie an Bord holen. Dann haben Sie im Falle eines Falles immer alle Telefon- und Handynummern und E-Mail-Anschriften greifbar. TIPP

Das Team steht – das Kick-off-Meeting hat stattgefunden – und jetzt geht das große Planen los. Arbeiten Sie direkt von Anfang an mit einem Ablauf- oder Regieplan. In diesem tragen Sie alles ein, was zu erledigen ist. Ein Beispiel finden Sie in Kapitel 9 *Checklisten*.

Helfer, Hostessen und eigenes Personal

Natürlich gibt es noch eine ganze Reihe Akteure, die zum guten Gelingen eines Events beitragen. An erster Stelle kommt hier für mich ›der Mann oder die Frau für alle Fälle‹. Sie selbst leiten schließlich das Projekt, haben am Veranstaltungstag viel um die Ohren und sind erste Ansprechpartnerin für die Abläufe sowie Fragen der Gäste. Sollten dann ungeplante Krisen oder plötzliche Katastrophen auftreten, werden Sie keine Zeit haben, sich auch noch darum zu kümmern. Suchen Sie rechtzeitig aus Ihrem Orgateam eine Person Ihres Vertrauens aus, die in alle Abläufe und Zusammenhänge eingeweiht ist und Ihnen im Notfall den Rücken frei hält.

Am Empfang kümmern sich Hostessen um die Gästeregistrierung. Das Backoffice beziehungsweise Tagungsbüro (sofern vorhanden) muss mit einem kompetenten Mitarbeiter besetzt sein.

Sie benötigen je nach Größe der Veranstaltung Mitarbeiter für den Einlass, Ordner, Garderobenpersonal, Künstlerbetreuer, Servicepersonal und sonstige Aushilfen.

TIPP

Legen Sie eine Kleiderordnung fest, denn einheitliche Kleidung wirkt kompetent und seriös. Einen dunklen Anzug oder Kostüm haben viele, die im Eventbereich tätig sind, im Kleiderschrank. Wenn es etwas lässiger sein darf, dann reicht ein weißes Poloshirt oder Hemd und eine schwarze Hose. Es gibt Personalvermittlungsagenturen, die über eine entsprechende Kleiderkammer verfügen, um das Personal auszustatten. Ein schickes Polo-Shirt mit Firmenlogo können Sie diesem Personal ebenfalls ohne große Umstände zur Verfügung stellen.

Erstellen Sie frühzeitig einen Personaleinsatzplan und vergessen Sie die Pausenzeiten nicht. Eventuell müssen Sie auch die An- und Abreise der Helfer organisieren.

TIPP

Fleißige Helfer müssen auch essen. Denken Sie an die Verpflegung für Ihr Team. Näheres zum Crew Catering finden Sie im Anhang – *Tipps von A–Z im Veranstaltungsmanagement*.

Technik und Sicherheit

Wenn Sie nicht gerade in einem Konzern tätig sind, werden Sie das Personal für Technik und Sicherheit für die Veranstaltung als externe Kräfte anheuern müssen. Die Chance, dass Sie Licht- und Tontechniker, Security-Leute und Fotografen in Ihrer Firma verfügbar haben, ist ja eher gering.

Wie groß wird der Event? Im kleinen Rahmen benötigen Sie nicht viel. Nutzen Sie ein Tagungshotel oder Kongresszentrum, haben Sie Ansprechpartner vor Ort, die Ihnen vom Beamer bis zum Mikrofon alles einrichten. In diesem Fall konzentrieren Sie Ihren Part auf die Dokumentation der Veranstaltung.

Schöne Bilder und ein aussagekräftiger Videofilm für die firmeneigene Website erinnern die Mitarbeiter noch lange an den gelungenen Event. Engagieren Sie einen professionellen Fotografen oder Filmer und überlassen Sie so nichts dem Zufall. Es ist mehr als ärgerlich, wenn eine gelungene Veranstaltung nicht mit gelungenen Fotos festgehalten wird.

Komplizierter wird es, wenn Sie Show in Eigenregie bieten. Bei einer abendlichen Disco reicht manchmal schon ein DJ, der sich mit der Anlage auskennt. Kommt Lichttechnik hinzu, dann sollte schon ein Bühnentechniker anwesend sein. Das gilt erst recht, wenn Sie Livemusik oder gar ein Unterhaltungsprogramm vorgesehen haben. Sie selbst werden sich nicht mit der Anlage auskennen, die Sie anmieten. Und wenn der Ton einmal weg ist, brauchen Laien ihre Zeit, bis sie herausgefunden haben, wie er wieder angeht. Ersparen Sie sich solcherlei Peinlichkeiten.

Richtig aufwendig wird es, wenn Sie Prominenz zu Gast haben oder eine bekannte Band spielen lassen. Letzteres passiert schon mal, wenn eine Feier Eigendynamik entwickelt. Ein Bekannter erzählte mir kürzlich von einer Sommerfeier eines Callcenters auf dem platten norddeutschen Land. Die Zentrale hatte sie genehmigt, der Standortleiter legte sich ordentlich ins Zeug – und ehe jemand einschreiten konnte, hatte er nicht nur die Presse und politische Prominenz seiner Kleinstadt eingeladen, sondern auch eine Coverband mit beträchtlicher lokaler Bekanntheit. Als über Facebook der bevorstehende Auftritt die Runde machte, musste die Zentrale einschreiten und umfangreiche Sicherheitsmaßnahmen anschieben.

Um ungebetene Gäste fernzuhalten, engagieren Sie eine vertrauenswürdige Firma aus dem Sicherheitsbereich. Gut ausgebildete Mitarbeiter sorgen dafür, dass Ihre Veranstaltung in einem gesicherten Rahmen abläuft und auch Ihre wichtigen Gäste sich willkommen und wertgeschätzt fühlen. Findet der Event draußen statt, denken Sie bitte an Absperrungen.

Bei Veranstaltungen auf Großbühnen sowie Szeneflächen mit mehr als zweihundert Quadratmetern muss eine Brandsicherheitswache der Feuerwehr anwesend sein. Dies ist zum Beispiel in § 41 der Versammlungsstättenverordnung NRW geregelt; jedes Bundesland regelt dies in eigenen Vorschriften. In Ihrem Interesse liegt es, sich rechtzeitig darum zu kümmern.

Auch der Sanitäts- und Rettungsdienst sind in der Versammlungsstättenverordnung geregelt. Wenn Sie auf Nummer sicher gehen wollen, engagieren Sie bei einer großen Teilnehmerzahl nicht nur Sanitäter, sondern auch einen Arzt, der für spezielle Notfälle geschult ist.

Auch für Abbau und Reinigung werden zahlreiche Fachkräfte und Helfer benötigt. Denken Sie an eine Kraft, die während der Veranstaltung die sanitären Anlagen betreut und dafür sorgt, dass die Verbrauchsmaterialien wie Toilettenpapier, Handtuchpapier und Seife regelmäßig aufgefüllt werden.

Künstler

Von der Art Ihrer Veranstaltung hängt ab, ob und welche zusätzlichen Künstler Sie engagieren möchten. Die Auswahl der Showacts ist so groß wie das Feld der Veranstaltungsarten breit ist. Ob Sie einen Sänger, Musiker, eine komplette Band oder nur einen DJ organisieren. Auch hier empfiehlt es sich sehr, auf Qualität zu achten. Eine Kostprobe des jeweiligen Könnens kann heute bequem per YouTube oder in kurzen Trailern auf der Website des Künstlers abgerufen werden.

Meine Erfahrung hat gezeigt, dass der Erfolg einer Feier oft von der Musik abhängig ist. Falls Sie selbst keine Kontakte zu Künstlern haben, dann wenden Sie sich an eine Agentur. Diese bieten ein großes Repertoire vom Akrobaten bis hin zum Zauberkünstler.

Bei Kunst muss man Fingerspitzengefühl beweisen. Mir wurde einmal von einer Bonner Sommerfeier berichtet, zu der eine Musikgruppe eingeladen wurde, die Brauchtums- und Karnevalsmusik darbot, sehr liebevoll mit Tanz und Verkleidungen. Nun passte aber der Karneval so gar nicht zu einem Tag mit 32 Grad im Schatten. Die Darbietung plätscherte so dahin – und die Versuche, das plaudernde und Bier trinkende Publikum zum Mitmachen oder wenigstens Mitklatschen zu animieren, schlugen komplett fehl. Hier wäre Easy-Listening-Musik oder unaufdringlicher, luftiger Sommerjazz zum Mitwippen ganz sicher die bessere Wahl gewesen.

Ein Gegenbeispiel dagegen sind oft Branchentreffs, wie sie in sehr großen Tagungshotels wie etwa im Berliner Estrel begangen werden. Es mag öde klingen, aber die abendlichen Partys sind auch deswegen ein Erfolg, weil jedes Jahr dieselbe Band immer dieselben Disco-Kracher nachspielt. Die Gäste erwarten keinen ultimativen Auftritt, sondern wollen zu den Liedern tanzen, die sie noch von ihrer Abiturfeier im Jahr 1988 kennen. Und weil sie das zuverlässig geboten bekommen, freuen sie sich jedes Jahr darauf.

Referenten/Redner/Keynote-Speaker

Keynote-Speaker und Redner, die begeistern können, die mit Witz und Sachverstand Ihre Gäste in ihren Bann ziehen, sind rar und manchmal sehr teuer. Auch hier ist bei der Auswahl großes Fingerspitzengefühl erforderlich. Nicht jeder Referent ist für jeden Auftritt und jede Zielgruppe geeignet. Manchmal muss man auch auf einen Auftritt verzichten, weil die Honorarforderungen des Redners einfach nicht zum eigenen Budget passen. Vor Kurzem erzählte mir ein Geschäftspartner, dass er für ein Firmenjubiläum einen Keynote-Speaker geplant hatte, dann aber erkennen musste, dass sein Budget für ein Honorar von einigen Tausend Euro für einen Auftritt von 45 Minuten nicht ausreichte.

Herausragende und bekannte Redner finden Sie bei der German Speakers Association. Die Kontaktdaten sind bei den nützlichen Adressen im Anhang aufgeführt.

Vielleicht reicht ja ein Lokalmatador oder ein Kommunalpolitiker? Die Damen und Herren kommen gerne zu Firmenveranstaltungen und treten auch kostenlos auf. Aber seien Sie vorgewarnt: Falls ein anderes – politisch wichtigeres – Event am gleichen Tag stattfindet, kann es passieren, dass Sie kurzfristig mit einem Stellvertreter vorlieb nehmen müssen.

Der Gastgeber kümmert sich um seine Gäste und muss nicht den Entertainer auf der Bühne spielen. Daher ist es ratsam, einen Moderator zu engagieren. Dieser Moderator sollte vom Fach sein und sich mit der Thematik auskennen. Es hilft Ihnen nichts, bei der Podiumsdiskussion zum Thema Gesundheit einen Fachmann aus der Immobilienbranche auf der Bühne zu haben und eine Modenschau von einem Maschinenbauingenieur moderieren zu lassen. Aber es gibt echte Multitalente, Generalisten, die zu jedem Thema eine gute Figur machen. Viele davon kommen vom Fernsehen. Fast jeder Moderator, der im Fernsehen auftritt, ist auch außerhalb gegen Honorar zu buchen. Zusätzlicher Vorteil ist, dass sie aufgrund ihrer Bekanntheit den einen oder anderen Fan im Publikum haben. Wenn Sie sich Günter Jauch nicht leisten können, tut es meist auch jemand aus einem kleineren Spartenkanal, dessen Sendung nicht so prominent platziert ist. Sie werden staunen, dass es mit denen durchaus genauso gut funktioniert.

Falls Ihre Veranstaltung ein internationales Publikum anspricht, ist es ratsam, einen Dolmetscherdienst zu engagieren. Hierfür benötigen Sie naturgemäß auch die entsprechende Technik: Dolmetscherkabinen sowie Kopfhörer für die Teilnehmer.

TIPP **Halten Sie für Ihre Referenten und Moderatoren (Ruhe-)Räume bereit, in die sie sich vor oder zwischen den Auftritten zurückziehen können.**

3.4 Technik: Bühne, Licht, Ton, Präsentationsmedien ...

Eine gelungene Veranstaltung benötigt die passende Technik. Seit Ende der Neunzigerjahre gibt es in Deutschland den Ausbildungsberuf der Fachkraft für Veranstaltungstechnik. Ich ziehe vor diesen Damen (ja, die gibt es auch!) und Herren den Hut, denn in diesem Berufsbild sind viele verschiedene technische Bereiche versammelt. Veranstaltungstechniker müssen sich mit Beschallung und Beleuchtung, mit der Montage von Bühnen, Gerüsten und Traversen und vielem mehr auskennen und zudem noch kreativ sein.

Eine Auflistung von allen möglichen Elementen der Tagungstechnik würde den Rahmen dieses Ratgebers sprengen. Daher finden Sie in den nachfolgenden Unterkapiteln exemplarisch einige grundlegende Informationen der Veranstaltungstechnik.

Bühnentechnik

Die erste grundlegende Frage: Benötigen Sie eine Innen- oder Außenbühne? Bühnen für den Innenbereich (zum Beispiel für eine Podiumsdiskussion) können in relativ kurzer Zeit mit einem Baukastensystem von einem Messebauer aufgestellt werden. Handelt es sich um eine Bühne im Außenbereich mit Dach (für ein Konzert) ist eine aufwendige Konstruktion mit Bühnenelementen, Traversen und Ballastierung erforderlich. Bei beiden Varianten sind mindestens die folgenden Details zu klären:

- Größe der Bühne
- Untergrund/Bodenbeschaffenheit
- Open-Air- oder Inhouse-Veranstaltung
- Überdachung
- Bodenbelag
- Anzahl der auftretenden Akteure
- Stufen, Treppen, Rampen und Geländer

Licht und Ton

Ohne ausreichenden Strom kann weder Licht noch Ton erzeugt werden. Eine haushaltsübliche Steckdose mit Dreierstecker und Verlängerungsschnur reicht nicht aus. Daher stellen Sie – nach Rücksprache mit Ihrem Veranstaltungstechniker – eine vernünftige und angepasste Stromversorgung sicher. Und falls es am Veranstaltungsort keine ausreichende Stromversorgung gibt, setzen Sie einen Generator ein.

Mit dem Einsatz von Scheinwerfern, Movinglights und Dimmern können raffinierte Lichteffekte erzielt werden. LCD-Projektoren, Laserlicht und Gobos (das sind runde Glasdias mit denen Sie zum Beispiel Ihr Firmenlogo auf die Wand projizieren können) sorgen für eine stimmungsvolle Atmosphäre.

Oder Sie möchten den auftretenden Künstler auf seinem Weg zur Bühne lichttechnisch begleiten lassen. Dann ist ein sogenannter Verfolgerscheinwerfer oder auch englisch ›Follow-Spot‹ einzusetzen.

KOMPAKT

Was ist an Equipment vorhanden? Was muss dazu gebucht werden? Klären Sie auf jeden Fall den Strombedarf ab. Denken Sie daran, dass auch andere Dienstleister – beispielsweise der Caterer – Strom für ihr Equipment benötigen. Und wie peinlich wäre es, wenn die Sicherung rausfliegt und die Band keinen Ton von sich geben könnte, nur weil die Eismaschine auf Hochtouren läuft.

Und was nützt der interessanteste Vortrag, wenn der Redner akustisch nicht zu verstehen ist? Hier hilft eine gute Mikrofonanlage. Ob Handmikro, Krawattenmikro, Headset oder das Schwanenhalsmikro für das Rednerpult, der gute Ton braucht einen guten Tontechniker, der nicht nur vor, sondern auch während Ihrer Veranstaltung den Ton regelt. Das Ganze funktioniert nur mit entsprechenden Lautsprechersystemen und den nötigen Verstärkern.

TIPP

Bei größeren Veranstaltungen und wenn die Entfernungen in der Eventlocation sehr groß sind, ist es sinnvoll, Funkgeräte einzusetzen. Denken Sie an eine eventuelle Funkgenehmigung.

Präsentationsmedien und Co.

Bei den Präsentationsmedien hat sich in den letzten fünfzehn Jahren eine große Wandlung vollzogen. Der gute alte Overheadprojektor hat so gut wie ausgedient. Auch der Diaprojektor gehört zu den Dinosauriern der Präsentationsmedien.

Da aber das geschriebene Wort (was mit der Hand geschrieben wird, kann man besser behalten) nicht aus der Mode kommt, gibt es nach wie vor Verwendung für analoge Darstellungen aller Art. Selbst die gute alte Wandtafel wird durchaus noch häufig benutzt.

Nachfolgend finden Sie eine alphabetische Aufstellung der gängigsten Präsentationsmedien und Zubehör:

- Beamer
- CD-Player
- Computer
- Drucker
- Flipchart
- Internetzugang
- Laptop
- Laserpointer
- Lautsprecheranlage
- Leinwand
- Mehrfachsteckdose
- Mikrofon
- Moderationskoffer
- Pinnwand
- Rednerpult
- Telefon
- TV-/Videogerät
- Verlängerungskabel
- Videokamera
- Whiteboard mit Stiften und Schwamm

TIPP **Für Laien ist es schier unmöglich, sich mit den ganzen unterschiedlichen technischen Details und dem erforderlichen Equipment auseinanderzusetzen. Die Anforderungen wechseln ständig durch die schnell fortschreitende Entwicklung. Engagieren Sie daher einen erfahrenen Dienstleiter aus dem Bereich der Veranstaltungstechnik.**

3.5 Logistik: Teilnehmermanagement, Beschilderung etc.

Das Teilnehmermanagement – mit allen seinen Feinheiten – ist ein wichtiger Baustein der Veranstaltungsorganisation.

Teilnehmermanagement

Heißen Sie Ihre Gäste herzlich willkommen! Ein gutes Teilnehmermanagement ist eines der Herzstücke in der Veranstaltungsplanung und sorgt von Anfang an dafür, dass sich die Gäste wohlfühlen. Denn: Was machen Sie ohne Teilnehmer? Das wäre wie ein Fußballspiel ohne Zuschauer.

Ohne Rechner geht hier natürlich gar nichts. Oder möchten Sie Ihre Teilnehmerliste noch mit der Hand führen? Natürlich können Sie diese Aufgabe auch gleich delegieren. Es gibt verschiedene Anbieter, die sich auf den Bereich des Teilnehmermanagements spezialisiert haben. Sie haben die Wahl. Entweder buchen Sie das Teilnehmermanagement als Dienstleistung, Sie organisieren Ihre Veranstaltung selbst oder Sie kaufen eine entsprechende Tagungssoftware.

Selbstverständlich – und das ist durchaus ernst gemeint – können Sie Ihre Teilnehmer auch mit der guten alten Excel-Liste managen und verwalten. Diese Liste kann dann die Basis für weitergehende Aufgaben wie die Erstellung der Teilnehmerliste, Druck der Namensschilder, ggf. die Rechnungserstellung (sofern Sie denn Eintrittskarten verkaufen) und den Versand der Eintrittskarten sein.

Ich arbeite gerne mit einem Dienstleister zusammen, der für die Veranstaltung eine eigene Website programmiert und zur Verfügung stellt. Auf dieser Veranstaltungsseite sind dann alle wichtigen Angaben über das Programm, die Location, die Anreisemöglichkeiten, Hotelübernachtungen und vieles mehr zu erhalten. Der Teilnehmer kann sich also im Vorfeld schon informieren und sich dann über einen Button anmelden. Welche Daten er für die Anmeldung von sich preisgeben muss, das können Sie als Veranstalter festlegen und mit dem Programmierer für die Seite abstimmen.

Über diese Website lässt sich auch das Anmeldeprozedere abwickeln. Sprechen Sie den IT-Administrator Ihres Unternehmens an, ob er Ihnen hierbei behilflich sein kann.

Falls dies nicht mit eigenen Mitteln und personellen Ressourcen zu bewerkstelligen ist, können Sie dieses Thema auch mit einem Dienstleister abwickeln. Hierdurch verringert sich Ihr Arbeitsaufwand erheblich. Es ist alles eine Frage des Budgets.

TIPP

Beachten Sie die Datenschutzbestimmungen. Bei einigen Unternehmen dürfen teilnehmerbezogene Daten nicht auf anderen als den eigenen Servern bearbeitet und gespeichert werden. Stimmen Sie dieses Thema – schon zu Ihrer eigenen Sicherheit – mit dem Datenschutzbeauftragten Ihres Arbeits- oder Auftraggebers ab.

Sollten die webbasierten Möglichkeiten keine Alternative für Sie sein, bedienen Sie sich der guten alten Excel-Tabelle und erfassen sorgfältig die eingehenden Anmeldungen. Nur der guten Ordnung halber sei erwähnt, diese Anmeldeliste nach dem Alphabet und nicht nach dem Datum der Anmeldung zu führen. Stellen Sie sicher, dass alle erforderlichen Angaben erfasst werden und führen Sie eine Spalte für Bemerkungen.

Eine Anmeldeliste kann wie folgt aussehen:

Teilnehmer Sommertagung am 16. Juni 2015 Stand: 12. Mai 2015

Nr.	Name	Vorname	Firma	Teilnahme			Übernachtung	Bemerkung
				Tagung	Abendessen	Stadtführung		
1	Beier	Ulrich	ABC GmbH	1	1		1	
2	Braun	Sabine	ABC GmbH	1	1			Vegan
3	Fuchs	Joachim	XX AG	1				
4	Jost	Carl	intern	1	1			Shuttle
5	Lang	Günther	Lang GMBH	1	1		1	
6	Mayer	Felix	XX AG	1	1		1	
7	Mayer	Lisa	XX AG		1	1	1	Begleitung
8	Schmitz	Horst	intern	1	1		1	
Gesamt				**7**	**7**	**1**	**5**	

Anmeldeliste

TIPP

Falls Sie mit einer webbasierten Lösung arbeiten, legen Sie die maximale Teilnehmerzahl fest. Sobald diese maximale Zahl erreicht ist, erhalten die weiteren Besucher der Website den Hinweis, sich persönlich mit Ihnen in Verbindung zu setzen. So können Sie eine Warteliste anlegen beziehungsweise steuern, falls noch ein sehr wichtiger Gast nachrücken soll.

Egal, für welche Lösung Sie sich entscheiden. Nach Eingang der Anmeldungen versenden Sie an die Teilnehmer eine Anmeldebestätigung. Mit dieser Bestätigung können Sie alle Informationen, die Ihre Gäste vor der Veranstaltung wissen müssen, noch einmal auflisten: Anreisetipps, Hinweise zu Parkmöglichkeiten, eine Tagesordnung oder eine Agenda, gegebenenfalls Hotelzimmerreservierungen und die Einlasszeiten.

Aus den Daten des Teilnehmermanagements erstellen Sie später auch die Teilnehmerlisten und – falls erforderlich – Unterschriftlisten zum Beispiel für eine Tagung, bei der die Teilnahme dokumentiert werden soll.

KOMPAKT

Ein gutes Teilnehmermanagement ist die Grundlage und der Garant für eine gelungene Veranstaltung.

Beschilderung und Tagungsmaterialien

Events mit einer großen Teilnehmerzahl benötigen aussagekräftige Wegweiser. Wo ist der Tagungsraum? Wo findet die Kaffeepause statt? Und wo fährt der Bus ab, der die Teilnehmer zur Abendveranstaltung bringt?

Große Tagungscenter und Hotels sind hier gut gerüstet. Falls Sie Ihre Veranstaltung in eigenen Räumen oder einer nicht so gut ausgestatteten Location durchführen, sorgen Sie bitte selbst für eine durchgängige Beschilderung. Wenn Sie Tafeln aufstellen, sollten Sie sie auch von einem guten Drucker beziehungsweise Werbemittelhersteller produzieren lassen. Es wirkt einfach professioneller.

Und damit der Teilnehmer immer daran erinnert wird, auf wessen Veranstaltung er sich gerade befindet, sollten alle Hinweisschilder mit Ihrem Firmenlogo bestückt werden.

Sie haben je nachdem verschiedene Möglichkeiten der Fernkennzeichnung. Aufsteller oder klassische Hinweisschilder und -tafeln können Sie mit Bannern, Roll-ups oder Beachflags im Foyer ergänzen, wenn der Veranstaltungsort es hergibt. Die Krönung sind wehende Fahnen vor der Location. Sie glauben gar nicht, wie erhebend nicht nur Gäste, sondern auch die eigenen Mitarbeiter wehende Fahnen finden können; je mehr, desto besser. Achten Sie auch sonst immer auf konsequentes Branding. Das Motto der Tagung schmückt den Bühnenhintergrund und Ihr Firmenlogo findet sich am Rednerpult wieder. Sie haben vielfältige Möglichkeiten Beschilderungen vorzunehmen und gleichzeitig Werbung für Ihr Unternehmen zu machen.

Namensschilder sind eine unendliche Geschichte. Die Auswahl ist groß. In diesem Zusammenhang unterscheiden wir zwei Kategorien: das Namensschild, welches der Gast am Revers trägt und das Namensschild, welches vor dem Gast auf dem Tisch steht.

Zum Erstgenannten kann ein ganzes Kapitel geschrieben werden – ich möchte an dieser Stelle nur einige Hinweise geben.

Es gibt Namensschilder zum Anstecken, Anklemmen und mit magnetischer Befestigung. Einige Hersteller bieten auch durchsichtige Hüllen aus Kunststoff an, die sich die Teilnehmer an einem sogenannten Lanyard (Schlüsselband) um den Hals hängen können. Dies bietet zwar eine schöne weitere Werbemöglichkeit für Ihr Unternehmen, die Größe der Hüllen und der darin befindlichen Namensschilder nehmen jedoch teilweise Ausmaße an, dass ich mich an alleinreisende Kinder erinnert fühle, die ein solches Schild – mit dem Ziel ihrer Reise – vor dem Bauch baumeln hatten. Und im Falle kleiner Schilder werden große Menschen sozusagen in die Knie gezwungen, um den Namen des Teilnehmers lesen zu können.

Nadeln zum Anstecken und Magnete haben spezifische Nachteile: Während Nadeln immer das Gewebe beschädigen, können Magnete verrutschen und herunterfallen. Auch sind Magnete stete Gefahrenquellen: Sie können Bank- und Kreditkarten unbrauchbar machen und elektronische Geräte aller Art in ihrer Funktion stören. Bei Mobiltelefonen ist das nur lästig, bei Herzschrittmachern dagegen im schlimmsten Fall lebensbedrohlich.

TIPP

Nehmen Sie Namenschilder – Hüllen in Visitenkartengröße – zum Anklemmen. Möglichst solche, bei denen die Klemme in der Richtung flexibel ist und die Hüllen nach oben offen sind. Diese Namensschilder können Sie immer wieder verwenden und müssen nur das Innenleben austauschen. Die zu bedruckenden Schilder gibt es als Druckvorlagen im DIN-A4-Format.

Bereiten Sie für alle Teilnehmer Namensschilder vor. Auf den Schildern sollten neben dem Vornamen und dem Nachnamen – inklusive eventuell vorhandener akademischer Titel – auch die Firma des Teilnehmers gedruckt werden. Falls noch genügend Platz vorhanden ist, ergänzen Sie die Angaben um den Ort. Hierdurch ergeben sich manchmal sehr nette Gespräche in den Kaffeepausen.

Halten Sie Ersatzschilder bereit, die bei der Gästeregistrierung schnell beschriftet werden können. So können Sie bei verloren gegangenen Schildern helfen oder improvisieren, falls plötzlich ein Ersatzteilnehmer vor Ihnen steht.

TIPP

Namensschilder sind ein Kostenfaktor, der sich im Laufe der Zeit zu einem hübschen Sümmchen addiert. Da Halterungen der Namensschilder üblicherweise mehrfach verwendet können, sammeln Sie die Namensschilder nach der Veranstaltung wieder ein. Stellen Sie am Ausgang eine Box mit dem Schild ›Danke für Ihr Namensschild‹ auf. Und Sie können die Schilder – mit neuem Inhalt – bei der nächsten Veranstaltung wieder nutzen.

Für eine Reihen- oder Theaterbestuhlung benötigen Sie keine Tischschilder. Sitzen die Teilnehmer an Tischen, ob Block-, U- oder T-Form, dann bieten sich auch Namensschilder auf den Tischen an. Dies ist schon allein deshalb sinnvoll, damit der Referent oder Tagungsleiter die Damen und Herren mit Namen ansprechen kann und die anderen Teilnehmer wissen, wer ihr Nachbar ist. Achten Sie auf Leserlichkeit!

Bei großen Tagungen sind oft verschiedene Referenten zu verschiedenen Zeiten auf dem Podium. Reservieren Sie bitte für diese Damen und Herren entsprechende Plätze im Plenum. Ob Sie diese Plätze in der ersten Reihe oder am Rand vorsehen, hängt auch von der Wichtigkeit der Referenten ab. Es ist mehr als peinlich, wenn sich ein Referent, der später anreist, einen Platz ganz hinten im Saal suchen muss.

Namensschilder, die vor den Teilnehmern auf den Tischen stehen, sind in der Regel nur auf der Vorderseite mit dem Namen bedruckt. Hier bietet es sich an, die Rückseite mit einem netten Spruch, zum Beispiel ›Wir wünschen Ihnen einen schönen Tag!‹, zu bedrucken.

TIPP

Falls gewünscht, bereiten Sie Tagungsmappen für die Teilnehmer vor. Zu den Tagungsunterlagen gehören die Tagesordnung, eine Teilnehmerliste, ein Übersichtsplan, Handouts von den einzelnen Vorträgen und eine Auflistung der Referenten-Lebensläufe. Falls Sie Ihren Gästen Papierstöße ersparen wollen, dann verteilen Sie die Unterlagen in digitaler Form auf einem USB-Stick.

Für die Presse- und Medienvertreter halten Sie separate Pressemappen parat. Es bietet sich an, eine vorbereitete Pressemitteilung in diese Mappen zu packen.

Rahmenprogramm

Bei manchen Tagungen ist es üblich, dass die Teilnehmer von ihren (Ehe-)Partnern begleitet werden. Dann ist es angebracht, ein Rahmenprogramm zu organisieren. Es bieten sich verschiedene touristische Aktivitäten an: eine Stadtrundfahrt, Besichtigungen oder eine Shopping-Tour. Planen Sie auch dieses Programm entsprechend Ihrer Zielgruppe und sorgen Sie für eine kompetente Begleitung. Nicht jede Veranstaltung steht unter der Überschrift einer Tagung. Planen Sie einen Tag der offenen Tür oder eine Betriebsbesichtigung, dann bekommt das Wort Rahmenprogramm eine ganz besondere Dimension: dann wird es nämlich zur eigentlichen Attraktion.

Für die Unterhaltung und Belustigung von Menschen jeden Alters gibt es unterschiedliche Eventmodule. Ob Kinderschminken, eine Hüpfburg, eine Carrerabahn mit richtigen Lenkrädern oder ein Kicker für Erwachsene. Es gibt so gut wie nichts, was es nicht zu mieten oder zu kaufen gibt. Kürzlich habe ich auf einem Event sogar einen extra hierfür gemieteten Autoscooter gesehen. Und ich kann Ihnen verraten, der Andrang war enorm. Menschen an ihrem Spieltrieb zu packen, funktioniert praktisch immer. Sehr beliebt ist auch die Variante, einen Spielsalon aufzubauen und zu Blackjack und Roulette einzuladen – mit Spielgeld, versteht sich.

Anregungen für vielerlei Schnickschnack können Sie sich auf der ›Best of Events‹ holen, das ist eine Messe, die jedes Jahr im Januar in Dortmund stattfindet.

Natürlich geht es auch eine Nummer kleiner: Veranstalten Sie zum Beispiel ein Gewinnspiel, einen kleinen Wettbewerb oder eine Tombola.

3.6 Catering: Für das leibliche Wohl wird auch gesorgt

Von Luft und Liebe kann niemand leben. Für den Erfolg eines Events spielt auch das Thema Verpflegung eine nicht zu unterschätzende Rolle.

Essen

»Essen und Trinken hält Leib und Seele zusammen.« Dieses abgewandelte Zitat von Hinrich Hinsch aus einem Singspiel des deutschen Komponisten Johann Philipp Förtsch ist wohlbekannt.

Bevorzugen Sie ein Buffet oder ist ein gesetztes Essen dem Anlass angemessener? Reichen belegte Brötchen oder muss es das volle Programm mit einem Fünf-Gang-Menü sein? Welche Art der Bewirtung Sie auf Ihrem Event anbieten, hängt von vielen Faktoren ab.

Ist es etwas eng und Sie haben nur Platz für einige Stehtische, dann bietet sich ein Flying Buffet an. Beim Flying Buffet werden die Speisen vom Servicepersonal den Gästen in kleinen Schälchen, auf kleinen Tellern oder Löffeln – sozusagen fliegend – serviert. Auch Fingerfood, das der Gast ohne Besteck essen kann, wird auf diese Art gerne angeboten. Ein weiterer Vorteil ist, dass der Sturm auf das Buffet und das Schlangestehen entfällt; die Speisen werden zu den Gästen gebracht.

TIPP

Damit Ihre Gäste sich die Finger nicht an der Krawatte abputzen müssen, achten Sie darauf, dass zusätzlich zum Fingerfood auch Servietten verteilt werden.

Für ein Buffet – ob nur mit kalten oder auch warmen Speisen – benötigen Sie mehr Platz. Getreu dem Motto ›Das Auge isst mit‹ werden die Speisen schön angerichtet und dekoriert. Die Gäste müssen die Speisenreihenfolge nicht unbedingt einhalten. Wer keine Vorspeise mag, fängt direkt beim Hauptgericht an. Was die Bestuhlung betrifft, so kann ein Buffet sowohl an Stehtischen als auch sitzend verzehrt werden. Achten Sie darauf, dass die Gäste nicht lange vor leeren Tellern sitzen und diese regelmäßig abgeräumt werden.

TIPP **Damit das Buffet nach kurzer Zeit nicht wie ein Schlachtfeld aussieht, ist es ratsam, auch hier genügend Personal zur Verfügung zu haben, damit Platten und Schüsseln nachgefüllt werden und das Speisenangebot appetitlich aussieht. Die Stationen mit den warmen Speisen lassen Sie von einem Koch betreuen.**

Für ein Menü benötigen Sie für jeden Gast einen Sitzplatz. Ob Sie nun ein kleines Menü mit bis zu drei Gängen oder ein Festmahl mit einer Speisefolge von sieben Gängen servieren lassen: Für das Servieren eines Menüs benötigen Sie Zeit. Ein Menü benötigt ein schönes Ambiente, das Essen wird zelebriert und eine ansprechende Tafel oder hübsch dekorierte runde Tische verdoppeln den Genuss. Lassen Sie Menükarten drucken, damit der Gast weiß, auf was er sich freuen kann.

Falls der Schwerpunkt Ihrer Veranstaltung auf anderen Bereichen als dem Essen liegt, dann verzichten Sie auf ein mehrgängiges Menü. Wenn die Hauptattraktion Ihres Festes kein Gala-Dinner, sondern eine Tanzparty ist, dann wählen Sie eine unkomplizierte Form der Bewirtung. Bei einem À-la-carte-Essen kann sich jeder Gast sein Essen selbst zusammenstellen. Diese Art der Verpflegung eignet sich nur dann, wenn es sich bei Ihren Gästen um eine kleine überschaubare Gruppe handelt. Es ist einem Gastronomen oder Koch nicht zuzumuten, wenn zwanzig oder gar dreißig Gäste bei jedem Gang unterschiedliche Wünsche haben. Rein logistisch ist das kaum zu realisieren.

Für welche Variante Sie sich auch immer entscheiden. Einige Details sollten Sie im Vorfeld mit dem Caterer abstimmen:

- Kaufen Sie nicht die Katze im Sack und vereinbaren Sie, ob ein (oder auch mehrere) Testessen möglich sind.
- Nimmt der Caterer verpackte Reste zurück?
- Kann er schnell für Nachschub sorgen?
- Bringt der Caterer das Personal mit?
- Wie sieht es mit dem Equipment aus? Was bringt der Caterer mit, was ist vorhanden?

TIPP

Achten Sie auf Sonderwünsche der Teilnehmer. Ob Gluten oder Laktose: In den letzten Jahren haben Unverträglichkeiten und Allergien zugenommen. Außerdem bevorzugen viele Menschen eine besondere Ernährungsform und essen beispielsweise vegetarisch oder vegan. Fragen Sie diese Besonderheiten bereits im Vorfeld beim Anmeldeprozedere ab.

Getränke

Grundsätzlich gilt: Die Getränke müssen zu den Speisen – und zu Ihren Gästen – passen. Lassen Sie sich von Ihrem Caterer beraten. Er weiß, welche Speisen mit welchen Getränken harmonieren.

Denken Sie auch an die Autofahrer oder Menschen, die keinen Alkohol trinken. Nicht jeder, der keinen Alkohol trinken mag oder darf, möchte den ganzen Abend bei Mineralwasser sitzen. Bieten Sie auch alkoholfreie Cocktails, alkoholfreies Bier und diverse Softgetränke an.

Getränke dienen nicht nur als Begleitung zum Essen, sondern sind auch wichtig während einer Tagung.

Hotels und Tagungslocations bieten Getränkepauschalen an. Hierin sind üblicherweise Kaffee, Tee und Softgetränke enthalten. Sie stellen sich als Gastgeber finanziell besser, wenn Sie eine solche Getränke- oder auch Tagungspauschale vereinbaren.

TIPP **Planen Sie großzügige Pausenzeiten ein. Bei einer Tagung von mehreren Hundert Teilnehmern ist eine Kaffeepause von fünfzehn Minuten eine Zumutung. Bevor der letzte Teilnehmer den Saal verlassen hat, ist die Pausenzeit schon vorbei. Berücksichtigen Sie auch, dass Ihre Gäste sich die Beine vertreten oder – falls das vor der Tür möglich ist – eine Zigarette rauchen möchten. Wenn alle gleichzeitig in die Pause gehen, bilden sich auch vor den Toiletten schnell Schlangen, insbesondere vor den Damentoiletten.**

Equipment

Das Equipment für die Bereiche Essen und Trinken wird im Normalfall von einem qualifizierten Dienstleister aus dem Bereich des Caterings organisiert und mitgebracht. Für den Fall, dass Sie ein Event ganz alleine organisieren wollen, gilt der Tipp: Mieten statt kaufen ist so aktuell wie nie zuvor. Vom Aschenbecher über die Pfeffermühle bis zur Zitronenpresse: Alles ist zu mieten. Erstellen Sie eine Checkliste, welche Ausstattung und Ausrüstung Sie benötigen.

Nachfolgend die Liste für eine Grundausstattung. Diese kann natürlich jederzeit erweitert werden:

- Geschirr
- Besteck
- Gläser
- Platten
- Schüsseln
- Vorlegebesteck
- Tabletts
- Servietten
- Kühlmöglichkeiten
- Eismaschine
- Kaffeemaschine
- Kaffeetassen
- Zucker und Milch
- Aschenbecher

3.7 Kommunikation: Ankündigungen, Einladungen, PR-Arbeit

Nichts ist im Vorfeld eines Events so anspruchsvoll, wie eine Einladungsliste zu erstellen. Sie werden sehr wahrscheinlich die Erfahrung machen, dass sich die Geschäftsführung haarklein mit nahezu jedem Einzelfall auseinandersetzen will. Es entbehrt einerseits nicht einer gewissen Komik, dass so delegationsfreudige Manager plötzlich die Entscheidung über jedes winzige Detail wieder an sich reißen und stundenlang über Rang und Namen ihrer Gäste diskutieren, sich dabei sogar nicht selten gegenseitig in die Wolle kriegen.

Andererseits geht es hier auch um eminent wichtige Dinge. Die Nichteinladung eines wichtigen potenziellen Kunden, von dem Sie im Zweifel gar nichts wissen, kann das Unternehmen mitunter einen wichtigen Abschluss kosten. Den Kreis der Eingeladenen zu groß zu definieren, kann zu einer Entwertung des Events in den Augen wichtiger, besonders umworbener Personen führen. Ja, das ist traurig, aber so mancher Gast hält sich für etwas Besseres, ist aber für die wirtschaftliche Lage des Unternehmens wichtig. Da muss man manchmal die Faust in der Tasche ballen und das professionelle Lächeln aufsetzen.

Die Formulierung der Einladung ist das zweite Detail, wo die Chefs mehr als üblich mitmischen wollen. Da gibt es manchmal Besprechungen über zwei Stunden, in denen um jedes Wort gerungen wird. Passen Sie auf wie ein Schießhund, nehmen Sie aktiv, wenn auch zurückhaltend teil, geben Sie Ihren Vorgesetzten ehrliches Feedback. Wenn sie es übertreiben, muss man den Damen und Herren auch schon mal eine Schnapsidee ausreden – aber mit dem nötigen Feingefühl.

In jedem Fall möchte ich Ihnen auf den Weg geben, das überaus wichtige Thema der Einladungen niemals gering zu schätzen und zwingend die Unternehmensleitung einzubinden – und sei es, dass sie eine Liste abhaken. Ein Fauxpas in diesem Bereich kann für Ärger mit der wichtigsten Interessensgruppe führen, mit denen Sie bei einem Event zu tun haben: Ihren Vorgesetzten.

Ankündigungen

Save the Date! Mit einer Karte oder einer Mail stimmen Sie Ihre Gäste schon einmal auf ein schönes Event ein. Bevor Sie mehrere Monate vor einer Veranstaltung eine ausführliche Einladung versenden – und diese dann vielleicht sogar beim Empfänger verschüttgeht – reicht es völlig, eine Information über den Termin und den Event anzukündigen.

Falls Sie eine Veranstaltung planen, die eine breite Öffentlichkeit anspricht, dann müssen Plakate und Flyer im Vorfeld gedruckt werden und frühzeitig an den wichtigen Stellen positioniert werden.

Einladungen

Die Information zum ›Save the Date‹ haben Sie schon vor Monaten auf den Weg gebracht. Jetzt wird es Zeit die konkrete Einladung zu versenden. Egal ob digital oder anlog: Versenden Sie Ihre Einladung rechtzeitig vor der Veranstaltung. Bei offiziellen Anlässen wie Hauptversammlungen, Gesellschafterversammlungen oder Eigentümerversammlungen müssen gesetzliche Einladungsfristen berücksichtigt werden.

Bei Einladungen zu anderen Veranstaltungen und Events gibt es keine festen Regeln. Versenden Sie die Einladung so rechtzeitig, dass Ihre Gäste die Möglichkeit haben, ihre Anreise zu planen und natürlich auch noch den Termin für Ihre Veranstaltung im Kalender freihaben – oder zumindest bequem freiräumen können.

Welche Form der Einladung ist die richtige? Auch hier spielt Ihre Zielgruppe und die Art der Veranstaltung eine große Rolle. Für die jüngere Generation ist es normal, eine Einladung per E-Mail zu erhalten.

Wir werden uns dem Thema »Virtuelle Events« ausführlich in einem extra Kapitel widmen. Selbstverständlich wird bei einem virtuellen Event auch die Einladung auf digitalem Wege erfolgen. Sinnvollerweise auf einer eigenen Website über die auch gleich das Teilnehmermanagement abgewickelt wird und der Gast sich online anmelden kann.

Gerade zu besonderen Anlässen brauchen Sie eine besondere Einladung. Ich persönlich mag Einladungen, die individuell gestaltet sind, alleine schon von der Qualität des Papiers eine gewisse Wertigkeit ausstrahlen und die – ganz klassisch – per Post verschickt werden.

Warum? Im täglichen Büroalltag treffen hundertmal mehr E-Mails als Briefe ein. Mit einer Einladung per E-Mail haben Sie es schon sehr schwer, einen besonderen Akzent zu setzen. Es besteht sogar die Gefahr, dass Ihre Einladung schlicht nicht beachtet wird: Es gibt so viele angebliche Einladungen, die nur schlecht kaschierte Verkaufsmails sind, dass selbst das Wort Einladung keinen besonderen Reiz mehr ausübt. Hinzu kommt, dass Ihre Gäste sich die Einladung sehr wahrscheinlich ausdrucken, damit sie nicht in Vergessenheit gerät. So verkommt ein mitunter nobler Anlass zum Memo unter vielen anderen. Wertigkeit sieht anders aus.

Für welche Art der Einladung Sie sich auch entscheiden – wichtige Informationen müssen an den Mann oder die Frau gebracht werden: Was findet wann, wo und warum statt? Sprich: der Titel oder der Grund der Veranstaltung sowie die Eckdaten Datum, Uhrzeit, Ort und Besonderheiten.

Bei einer Einladung per E-Mail vermerken Sie sinnvollerweise einen Link oder einen personalisierten Log-in-Code für die Anmeldung auf dem Online-Portal mit.

Bei der postalischen Einladung fügen Sie bitte eine Antwortkarte oder einen Antwortbogen bei. Gestalten Sie den Antwortbogen so, dass er komplikationslos in einen Fensterbriefumschlag passt.

Faxantworten sind heutzutage nicht mehr üblich – doch falls jemand diesen Weg der Zusage wählt: Der Antwortbogen kann auch gefaxt werden.

PR Arbeit

PR ist die auch in Deutschland eingebürgerte Kurzform für Public Relations. Genau übersetzt heißt das ›Verbindungen mit der Öffentlichkeit‹, der deutsche Begriff sagt etwas profaner ›Öffentlichkeitsarbeit‹. Und einen Aspekt trifft er damit ganz gut: Es ist bisweilen harte Arbeit, die Öffentlichkeit überhaupt zu erreichen, geschweige denn für sich einzunehmen.

Warum überhaupt PR? Im Allgemeinen geht es darum, für das Unternehmen in der Öffentlichkeit Bewusstsein zu schaffen. Sei es, damit man es überhaupt kennenlernt (Bekanntheitsgrad), erfährt, wozu es da ist (Wissensgrad) oder sogar gut über es redet (Image). Manchmal geht es auch darum, Themen zu setzen oder gar öffentlichen Druck auszuüben.

Ein Event kann in der PR-Strategie eines Unternehmens verschiedene Plätze haben. In manchen Fällen spielt er keine Rolle, etwa bei internen Feiern. Dann wiederum kann er Mittel zum Zweck sein, etwa wenn es sich um Produktpräsentationen, Standorteröffnungen oder Pressetermine handelt. Und schließlich gibt es die Events, die ein aktives Eigenleben führen. Dies sind insbesondere sportliche oder kulturelle Veranstaltungen, zu denen das Publikum auch oder sogar überwiegend aus anderen Gründen kommt. Dazwischen gibt es Abstufungen und Mischformen. Je größer, offener, eigenständiger und interessanter der Event, desto wichtiger ist PR. Die größten von ihnen werden von hauptberuflichen Profis betreut, meist mit einem Budget, das an Agenturen vergeben wird.

Eine Story finden

Der betriebliche Normalfall spielt sich unterhalb dieser Riesenveranstaltungen ab. Der Mechanismus ist allerdings derselbe: Ein Unternehmen wendet sich an die Öffentlichkeit und möchte deren Aufmerksamkeit erreichen. In der Regel klappt das nur, wenn Medien aktiv bedient werden. Entscheidend für den Erfolg ist der Inhalt beziehungsweise die Botschaft. Was finden Menschen überhaupt interessant? Fragen Sie sich das ruhig einmal selbst. Welche Nachrichten sprechen Sie an und warum? Hierzu zwei Beispiele:

Beispiel: Der erste Großkunde

Sie haben nach jahrelanger vertrieblicher Ochsentour endlich Ihren ersten Großkunden gewonnen. Die Vertragsunterzeichnung bedeutet für Ihr Unternehmen einen Quantensprung und gibt zur Hoffnung Anlass, dass Sie bald expandieren können.

Ist das interessant? Nun, für Sie ganz bestimmt. Für Ihren Kunden vielleicht schon weit weniger; wenn er sich nur für einen Lieferanten in einem Gewerk entschieden hat, von denen er Dutzende vergibt. Die Öffentlichkeit wird ein solches Ereignis gepflegt ignorieren. Aufträge oder Geschäftsabschlüsse werden erst dann allgemein interessant, wenn es in die Millionen oder gar Milliarden geht, wenn hohe Investitionen oder neue Arbeitsplätze konkret in der Planung sind. Ansonsten reicht es (wenn überhaupt) nur für ein Branchenblatt oder den Stadtteilklatsch.

Beispiel: Ein innovatives Produkt

Sie haben nach jahrelanger Tüftelei ein Produkt fertig entwickelt, dass das erste seiner Art ist. Sie möchten es am liebsten in den Handel bringen, danach werden Sie bei gutem Verkaufserfolg sehr schnell Produktionskapazitäten aufbauen müssen.

Eine Innovation, ein Rekord und die Aussicht auf Arbeitsplätze: Das findet nahezu jeder interessant. Ihr Kollege aus dem vorigen Beispiel wird derzeit wohl viel mehr Geld machen – aber das ist nicht unbedingt die Währung, mit der Aufmerksamkeit erreicht wird.

Zielgruppen für PR

Eine Produktvorstellung in Form eines Events ist im zweiten Beispiel also wesentlich vielversprechender als im ersten. Was ist es denn, was Aufmerksamkeit erzeugt? Aus Sicht einer Nachrichtenredaktion müssen Sie mindestens eine der folgenden Fragen positiv beantworten:

- Ist es neu?
- Ist es cool?
- Hat es Tragweite?
- Betrifft es unsere Leser?
- Sorgt es für Diskussionen?

Für PR – und damit für öffentlichkeitswirksame Events – eignen sich konkret zum Beispiel:

- Firmengründungen und Jubiläen
- Innovationen, Produktneuerungen und Markteinführungen
- Rekorde aller Art

- Ehrungen aller Art, zum Beispiel Gewinn oder Stiftung eines Preises
- Investitionen und Expansionen, Schaffung von Arbeits- oder Ausbildungsplätzen
- Personalien, sofern sie von Bedeutung sind (zum Beispiel Unternehmensnachfolge)
- Gute Taten aller Art, manchmal sogar der Großformatscheck mit Weihnachtsspende
- Spezielle Aktionen zu Publicity-Zwecken

Rein technisch gibt es für die Verbreitung solcher Informationen zwei Möglichkeiten: entweder wendet man sich an die Redaktion einer Publikation – Presse, Funk, Fernsehen oder Onlinemedien. Dies kann auch indirekt geschehen, indem man etwa die Pressekontakte von Gästen des Events nutzt, etwa wenn es sich um politische Mandatsträger handelt. Oder man übernimmt die Bekanntgabe und Information selbst. Diese Verbreitungsmöglichkeit ist erst mit dem Web 2.0 für jedermann möglich geworden, seit nämlich die Sozialen Netzwerke hierfür die Möglichkeit bieten.

Wollen Sie Ihre Story einer Redaktion anbieten, ist der klassische Weg die Presseinformation, die ohne Aufforderung verschickt wird. Hier konkurriert sie mit allen anderen Storys, die das Weltgeschehen zu bieten hat. Etwas einfacher ist es, wenn Sie Kontakte aufbauen – am besten zu einem Redakteur, möglicherweise auch zu freien Journalisten, die Redaktionen regelmäßig bedienen. Dann haben Sie die Chance, im Gespräch Ihr Anliegen darzustellen und interessierte, vielleicht auch kritische Fragen gleich zu beantworten. Schon im Vorfeld sollten Sie deshalb die Redaktionen auswählen und einen aktuellen Medienverteiler zusammenstellen. Redaktionen sind die Kunden, die Sie mit Ihrer Öffentlichkeitsarbeit bedienen – aber auch die haben wiederum Kunden, an die sie denken müssen. Je allgemeiner die Leserschaft und je weiter die Verbreitung, desto größer die Konkurrenz der Inhalte. Sprich: In den Spiegel zu kommen ist nun mal schwerer als in das Anzeigenblatt um die Ecke.

Vergessen Sie nicht, für wen eine Information relevant ist. Rastern Sie die potenziellen Abnehmer-Redaktionen nach Leserschaft. TIPP

Beispiel: Der Glasreinigungsroboter
Sie haben ein Reinigungsunternehmen mit Sitz in Köln. Sie möchten ein Event veranstalten, etwa weil Sie eine Firma übernommen haben, die sich einen Namen mit besonders umweltfreundlichen Glasreinigungsrobotern gemacht hat. Mit dem Gesamtpaket haben Sie bereits vertriebliche Erfolge gefeiert, sich zum Beispiel einen größeren Auftrag bei der Post oder der Telekom in Bonn gesichert. Sie suchen händeringend Personal, um die vollen Auftragsbücher abzuarbeiten.
Stellen Sie sich nun folgende Fragen:

- Wie können Sie den Event ausrichten?
- Welche Schwerpunkte wollen Sie setzen?
- Gibt es ein übergreifendes Thema?
- Wie und wohin verbreiten Sie Informationen zum Event und seinen Begleitumständen?
- Welche Medien würden sich voraussichtlich für Ihre Story interessieren?

Ein Weg, sich einen Überblick zu verschaffen, ist eine Matrix, in der Sie Medien klassifizieren. Die unten abgebildete Matrix passt zum obigen Beispiel, auch wenn sie nur je eine beispielhafte Publikation aufführt. In dieser Matrix ist mit dem weißen Bereich schon eingetragen, wo eine Veröffentlichung besonders wünschenswert ist, während der graue Bereich erst gar nicht kontaktiert wird (die internationale Verbreitung ist ohnehin fast nie von Relevanz). Der dazwischenliegende schwarze Bereich wird kontaktiert, eine Veröffentlichung erscheint allerdings nicht besonders realistisch.

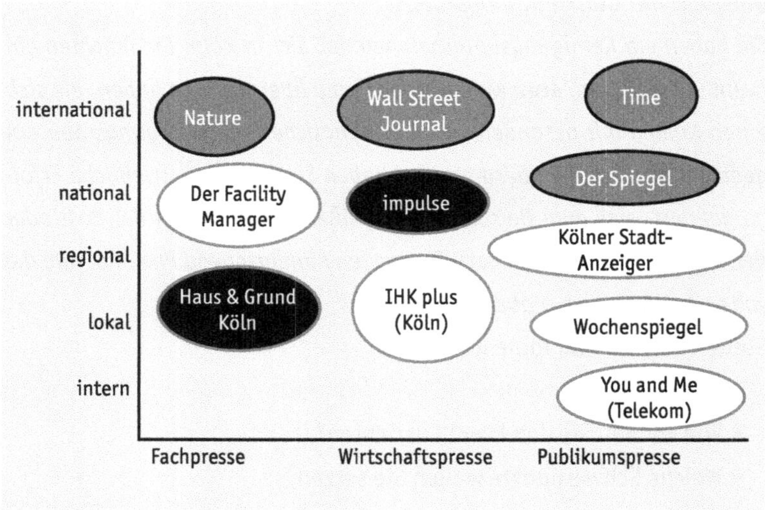

Medienmatrix

PR in der Vorphase

Vom Charakter des Events hängt ab, wie hoch die Aktivität in den einzelnen Phasen ist. Manche Events verlangen nach intensiver Öffentlichkeitsarbeit schon im Vorfeld, insbesondere Veranstaltungen, die mit Eintritt verbunden sind, wie Konzerte oder Fußballspiele. Auch bei Tagen der offenen Tür oder Eröffnungen von Kneipen, Einzelhandelsgeschäften und Hotels versucht man möglichst viele Neugierige in die neuen Räume zu locken (wobei hier eher örtlich geworben wird).

Zu bedenken ist hierbei, dass niemand genau weiß, wie groß der Andrang wirklich wird. Bei Veranstaltungen mit Eintritt ist die Sache klar: Möglichst große Aufmerksamkeit garantiert ein volles Haus, und sobald der Laden ausgebucht ist, werden weitere Interessenten abgewiesen. Bei Neueröffnungen sieht sich jedoch mancher mit überraschend großem Interesse konfrontiert. Wenn sich vor dem Geschäft eine Menschentraube von hundert Leuten bildet, wirkt es dann schon peinlich, wenn nicht zumindest jeder ein Gläschen Sekt und ein paar Häppchen abbekommt.

Wer solche Events im Vorfeld bekannt machen will, kann auch zu Social Media greifen. Ihnen sind sicher noch die Berichte im Kopf, als vor einigen Jahren sogenannte Facebook-Partys großen Schaden anrichteten, weil durch Weitergabe von Einladungen durch die ganze Republik harmlose Geburtstagsfeiern zu Massenaufläufen mit Hunderten feierwütigen Jugendlichen eskalierten. Solche Folgen müssen Sie nicht befürchten. In Facebook, aber auch in XING und anderen Plattformen kann man zu Events recht effektiv und kontrolliert einladen. Man erstellt einen Termin und lädt ein – entweder alle seine Freunde beziehungsweise Fans oder eben nur die, die man wirklich gerne sehen möchte.

Bei allen anderen Events, nämlich denen, wo Sie jederzeit Herr über den Ablauf bleiben möchten, beschränkt sich die PR auf die Einladung von Medienvertretern und Multiplikatoren aus Politik und Wirtschaft. Dies betrifft das Gros der Firmenveranstaltungen: Bei der Eröffnung eines Bürostandortes etwa geht es schließlich nicht darum, möglichst viel Volk durch die Räume zu schleusen, sondern relevante Meinungsbildner von der Unternehmenspolitik zu überzeugen.

3.8 Rechtliche Vorschriften: GEMA, KSK, Versammlungsstättenverordnung

Als Veranstalter oder Organisator eines Events müssen Sie verschiedene rechtliche Vorschriften und Bestimmungen einhalten. Eine Nichtbeachtung dieser Vorgaben kann unter Umständen sehr teuer werden.

GEMA

Die GEMA ist die Gesellschaft für musikalische Aufführungs- und mechanische Vervielfältigungsrechte. Die GEMA ist das Kontrollorgan für die öffentliche Nutzung von Musik. Sie verwaltet die Nutzungsrechte von Musikschaffenden (Komponisten, Textdichtern und Musikverlegern) und sorgt dafür, dass diese für ihre Werke entsprechende Vergütungen erhalten.

Für Ihre private Geburtstagsfeier im heimischen Partykeller müssen Sie keine Gebühren bezahlen. Wenn Sie eine Veranstaltung durchführen und auf dieser in irgendeiner Form Musik spielen – ob von CD, durch einen Künstler oder selbst vorgetragen – dann sind Sie verpflichtet, diese Veranstaltung bei der GEMA anzumelden, eine Lizenz zu erwerben und hierfür eine Gebühr zu bezahlen. Viele Locations haben Pauschalverträge mit der GEMA. Klären Sie diesen Punkt bitte bei der Recherche für den Ort Ihres Events.

Berechnungsgrundlage für die Gebühren sind die Größe des Veranstaltungsraumes, die Anzahl der Teilnehmer, die Höhe des Eintrittsgeldes sowie die Art der Veranstaltung und der musikalischen Vorführung.

Welche Art von Veranstaltung an welchem Ort stattfindet und welche Gebühren fällig werden, wird für jeden Einzelfall festgelegt. Einzelheiten finden Sie auf www.gema.de. Diese Seite ist sehr übersichtlich aufbereitet und hilft Ihnen bei vielen Fragen weiter. Sollten Sie darüber hinaus Beratungsbedarf haben, wenden Sie sich an eine der Bezirksdirektionen der GEMA.

Auch bei digitalen Events ist die GEMA-Anmeldung Pflicht. Die digitalen Events werden unterschiedlich bewertet und berechnet, je nachdem ob es Musik in geringem Umfang zum Beispiel als Musikeinspielung gibt (VR-OD 10), Videos mit Musik, Downloads, Streaming gezeigt werden (VR-OD 4) oder Sie eine Veranstaltung mit einem DJ planen (VR-Ö). Es gibt einen online verfügbaren Lizenzshop, über den Sie Ihre Anmeldung tätigen können.

TIPP

Melden Sie Ihre Veranstaltung auf jeden Fall bei der GEMA an. Falls Sie versuchen, die GEMA zu umgehen und erwischt werden, dann ist das Bußgeld genauso hoch wie die regulären Gebühren: Sie zahlen also doppelt!

KSK

»Mit der Künstlersozialversicherung sind seit 1983 die selbstständigen Künstler und Publizisten in den Schutz der gesetzlichen Sozialversicherung einbezogen worden. Es gilt hier die Besonderheit, dass Künstler und Publizisten nur etwa die Hälfte ihrer Beiträge selbst tragen müssen und damit ähnlich günstig gestellt sind wie Arbeitnehmer. Die andere Beitragshälfte wird durch einen Bundeszuschuss und eine Abgabe der Unternehmen finanziert, die künstlerische und publizistische Leistungen verwerten.« (Quelle: www.kuenstersozialkasse.de)

Bei Künstlerhonoraren ist bis auf wenige Ausnahmen die Künstlersozialabgabe fällig und Sie als Veranstalter sind verpflichtet diese Beiträge an die Künstlersozialkasse abzuführen, wenn Künstler oder Publizisten auf Ihrer Veranstaltung auftreten oder für Sie tätig werden. Dies gilt unabhängig davon, ob diese überhaupt in der KSK sind. Die Definition, wer als Künstler und Publizist gilt, finden Sie auf der Website der Künstlersozialkasse. Hier finden Sie auch weitere Informationen für Unternehmen und Verwerter.

Selbstredend ist auch die virtuelle Veranstaltung KSK-pflichtig.

Versammlungsstättenverordnung

Treffen bei gesellschaftlichen, kulturellen oder sportlichen Veranstaltungen gleichzeitig viele Menschen in Räumen und Hallen oder auf Plätzen und Freigeländen oder in Sportstadien zusammen, dann greifen die Bestimmungen der Versammlungsstättenverordnung (VStättVO). Die Versammlungsstättenverordnung basiert auf den jeweiligen Landesbauordnungen und ist nicht bundeseinheitlich geregelt. Allerdings wurde eine Musterversammlungsstättenverordnung (MVStättV) entworfen, mit der eine einheitliche Regelung auf Bundesebene geschaffen werden soll.

Ihr Veranstaltungsort wird zur Versammlungsstätte bei einem Fassungsvermögen von mehr als

- 200 Personen in geschlossenen Räumen oder Hallen,
- 1.000 Personen auf Freiflächen,
- 5.000 Personen in Sportstadien.

In der Versammlungsstättenverordnung sind die unterschiedlichsten Vorschriften geregelt. Nachfolgend finden Sie einen kleinen Auszug:

- Bei welcher Größenordnung kommt die VStättVO zur Anwendung?
- Allgemeine Bauvorschriften
- Technische Einrichtungen und Anlagen
- Rettungswege und Notausgänge
- Brandsicherheitswachen
- Feuerlösch-, Feuermelde- und Alarmeinrichtungen
- Einrichtungen für Besucher, Bestuhlungspläne, Toilettenräume
- Verantwortliche Personen (Veranstalter, Betreiber und Beauftragte)

Dies alles mag für Sie sehr formalistisch klingen. Doch gerade in den letzten Jahren haben unrühmliche Beispiele gezeigt, welche schrecklichen Folgen die Nichtbeachtung von Sicherheitsregeln nach sich zieht. Ihnen fällt vielleicht spontan die Love-Parade in Duisburg ein. Es braucht in der Praxis viel weniger, um Unheil anzurichten. Und bedenken Sie: Es reicht schon ein Kollaps eines einzigen Gastes im Gedränge, um

Ihre so liebevoll geplante Veranstaltung mit dem Ruch der gefährlichen Unprofessionalität zu beflecken. Ein einziger Einsatz mit Martinshorn und Sanitätern zerstört mitunter die Atmosphäre des gesamten Abends.

Die Vorschriften dienen der Sicherheit der Teilnehmer und sind somit eine wichtige Grundlage für die Organisation Ihrer Veranstaltung.

Weitere Informationen zum Thema Veranstaltungsrecht finden Sie auf *www.eventfaq.de.*

Genehmigungen, Ämter etc.

Als Veranstalter müssen Sie neben der Versammlungsstättenverordnung noch weitere gesetzliche Bestimmungen, Rechtsverordnungen und Richtlinien beachten. Des Weiteren sind unterschiedliche behördliche Genehmigungen einzuholen.

Beispiel: Sondernutzungsgenehmigung ›öffentlicher Raum‹
Einige Veranstaltungen werden auf öffentlichen Wegen oder Plätzen durchgeführt und es kann zu einer Einschränkung des örtlichen Verkehrs kommen. Falls Sie für Ihre Veranstaltung den Platz vor Ihrem Firmengelände – also öffentlichen Straßenraum – nutzen möchten, müssen Sie eine Sondernutzungsgenehmigung einholen. Melden Sie Ihre Veranstaltung im Vorfeld beim Ordnungsamt in der für Sie zuständigen Kommune an.

Möchten Sie die Verlängerung der Sperrstunde beziehungsweise der Sperrfristen beantragen? Planen Sie ein Feuerwerk? Findet die Veranstaltung unter freiem Himmel statt und die Nachbarschaft könnte sich gestört fühlen? Verkaufen Sie Speisen und Getränke? Nachfolgend finden Sie eine Auflistung von Ämtern und Institutionen, die Sie im Bedarfsfall ansprechen sollten und bei denen diverse Anträge gestellt und Genehmigungen eingeholt werden:

- Ordnungsamt
- Bauamt
- Gewerbeamt
- TÜV
- Umweltbehörden
- Polizei
- Feuerwehr

Die Ordnungsämter der jeweiligen Kommunen sind üblicherweise der erste Ansprechpartner für Sie. Vielfach finden Sie einen gut strukturierten und übersichtlichen Webauftritt, wo Sie sich vorab gut informieren können. Ein besonders löbliches Beispiel finden Sie bei der Stadt Köln unter *www.stadt-koeln.de/service/adressen/amt-fuer-oeffentliche-ordnung*.

Denken Sie daran, sich frühzeitig um die diversen Genehmigungen zu kümmern, damit sie rechtzeitig vor Veranstaltungsbeginn vorliegen. Wie sagt der Volksmund so schön: Unwissenheit schützt vor Strafe nicht. Die Nichtbeachtung der behördlichen Auflagen kann daher sehr teuer werden. Und Sie möchten ja auf keinen Fall riskieren, dass Ihre Veranstaltung im schlimmsten Fall gar nicht erst stattfinden darf.

Versicherungen

Als Veranstalter sind Sie grundsätzlich in der Haftung. Um Ihr Haftungsrisiko zu verringern, gibt es verschiedene Versicherungen für den Veranstaltungsbereich.

Die Veranstalter-Haftpflichtversicherung haftet für Schäden, die der Veranstalter oder seine Erfüllungsgehilfen verursacht haben. Der Abschluss einer solchen Versicherung ist gesetzlich nicht vorgeschrieben, doch sollten Sie als Veranstalter nicht darauf verzichten. Die Haftpflichtversicherung kann zwar einen Schaden nicht verhindern, jedoch Sie vor den finanziellen Folgen – und die können im Einzelfall sehr hoch sein – schützen.

Die Veranstaltungs-Ausfallversicherung schützt Sie im Fall der Fälle davor, dass Sie auf den Kosten sitzen bleiben, falls Ihre Veranstaltung nicht stattfinden kann. Der beste Eventmanager und die sorgfältigste Vorbereitung können nicht verhindern, dass ein Ausfall durch zum Beispiel höhere Gewalt eintritt. Beispiele gibt es leider mehr als genug: Der Künstler erkrankt plötzlich und kann nicht auftreten. Sie haben alles vorbereitet, Eintrittskarten sind verkauft und das Equipment gemietet und aufgebaut. Oder ein Vulkan auf Island bricht aus – wie der Eyjafjallajökull 2010 – und der Künstler kann nicht anreisen, da der Flugverkehr eingestellt wird. In solchen Fällen tritt die Veranstalter-Ausfallversicherung ein.

TIPP

Einige Versicherungsgesellschaften bieten auch sogenannten All-Risk-Versicherungen an. Lassen Sie sich von einem Versicherungsexperten beraten, welche Art der Versicherung für Sie und Ihre Veranstaltung am sinnvollsten ist.

Exkurs: Sponsoring und Kooperationen

4

Ein Event ist nie billig, soviel ist sicher. In den meisten Fällen produzieren sie nur Kosten, nur selten steht etwas Monetäres auf der Habenseite. Kostendeckend sind sie praktisch nie, und das sollen sie auch gar nicht sein. Schließlich ist ein Event auch eine Investition in immaterielle Werte: Image, Geltung, Prestige, Zufriedenheit von Mitarbeitern, Kunden, Geschäftspartnern.

Wenn aber die finanzielle Belastung zu hoch ist, bieten sich Wege an, Partner einzubinden. Letztlich geht es darum jemanden zu finden, der Geld zuschießt. Dafür will er allerdings eine Gegenleistung. Und diese Gegenleistung ist kein warmer Händedruck und eine dankbare Erwähnung auf der Bühne. Sie sollte messbar sein und einen echten Nutzen abbilden.

Kooperationen: Gemeinsam an einem Strang

Eine Kooperation findet statt, wenn Sie den Event mit einem anderen Unternehmen zusammen aufziehen. Sie legen den Rahmen gemeinsam fest, das Budget und die Form des Auftretens. Nicht immer sind dabei die Anteile 50 zu 50; entsprechend bekommt der Partner mit dem höheren Invest mehr Rechte bei Gestaltung und Verwertung des Events.

Manchmal ist ein kooperativ organisierter Event geradezu selbstverständlich. Beispielsweise bietet es sich an, auf einem gemeinsamen Messestand auch die Standparty (oder das ›Bergfest‹, wie es manchmal genannt wird), gemeinsam auszurichten. Hier ist der Koordinationsaufwand gering und der Nutzen offensichtlich, denn es ergeben sich auf solch einer Feier eine Menge Gelegenheiten zum gezielten Netzwerken. Ähnlich verhält es sich mit Sommerpartys von Bürogemeinschaften, Symposien in Gründerzentren oder ähnlichen Anlässen.

Es ist aber nicht immer so einfach. Wenn es um eine geplante Veranstaltung geht, die außerhalb eines gemeinsamen Rahmens stattfindet, laufen die Interessen allzu häufig auseinander. Daher sollten sich nur Unternehmen zusammentun, die ein ausgeprägtes Vertrauensverhältnis zueinander aufgebaut haben. Niemand darf eine geheime Zusatzabsicht haben. Am besten stellt man aus beiden Partnerunternehmen ein Projektteam zusammen, stattet es mit dem beschlossenen Budget aus, lässt sich regelmäßig unterrichten und greift notfalls steuernd ein. Alles andere sollte dem Team überlassen bleiben – vorausgesetzt, es ist auch wirklich mit Profis besetzt.

Sponsoring: Partner gewinnen und gewinnen lassen

Sponsoring ist im Vergleich zu einer Kooperation einfacher und delikater zugleich. Einfacher, weil es hier feste Abmachungen gibt, die oft auch vertraglich festgelegt werden. Delikater, weil es immer noch viele Missverständnisse darüber gibt, was Sponsoring eigentlich ist. Viele Eventmanager reden über Sponsoring und wollen eigentlich eine milde Gabe, für die man sich dann im Gegenzug nett vor Publikum bedankt. Sponsoren sind keine Mäzene. Sie betrachten ihren Beitrag als Werbeausgabe und möchten messbare und qualifizierte Aufmerksamkeit als Gegenleistung. Diese überhaupt zu ermitteln und anzubieten, stellt viele schon vor unlösbare Probleme.

Leicht haben Sie es noch, wenn es ein relativ überschaubarer Event ist und die Sponsorenleistung ohnehin nicht teuer kommt.

Beispiel: Sponsorensuche für einen guten Zweck
Sie richten ein Benefiz-Fußballturnier aus. Lieferanten, Kunden und Ihre eigene Firma stellen Teams. Die Zuschauer zahlen einen freiwilligen Eintrittspreis, der einer gemeinnützigen Einrichtung gespendet wird. Die Kosten tragen also komplett Sie. Wenn Sie es schaffen, das Turnier als lokales Spektakel zu inszenieren, mit Auftritt des Bürgermeisters, Dankesrede des Spendenempfängers etc., könnten Sie durchaus jemandem Trikotsponsoring anbieten, das heißt, eine Mannschaft bekommt die Ausrüstung gestellt und läuft dafür im Namen des Sponsors auf.

Trikotsponsoring ist in diesem Fall gleichbedeutend mit Trikotwerbung und hat nichts mit den Werbeverträgen von professionellen Fußballmannschaften zu tun. Es geht letztlich um Materialspenden gegen (minimale) Werbeaufmerksamkeit. Vielleicht ist für den Sponsor sogar der Benefiz-Charakter oder die hausinterne Publicity wichtiger als die Werbewirkung der Trikots.

Schwieriger wird es, wenn Sie Größeres vorhaben. Millionenschwere Verträge wie beim Sportsponsoring der Bundesliga regeln minutiös die Gegenleistung, von der Stickerei auf den Hemdkragen der Moderatoren über die Länge der Einblendung des Sponsorenlogos im TV-Intro bis hin zur genauen Abschätzung der Reichweite von Ausstrahlungen in Brutto- und Nettokontakte. Aber auch, wenn Sie eine Hausmesse oder einen Kongress planen, erreichen Sie Bereiche, wo Sponsoren das Geld nicht mehr so egal ist. Die Gewährung von Standfläche, Beflaggung, Aufnahme in Tagungsprogramme, gemeinsamem Einsatz von Logos etc. wägt ein Sponsor sehr genau mit der Wirkung ab, die er erreichen kann. Und da sollten Sie Daten zur Hand haben, die belegen, warum eine Ausgabe von 5.000 oder 10.000 Euro für ein Platin-Paket oder was auch immer

Sie sich ausgedacht haben, sinnvoll für ihn ist. Denn ein Sponsor will auch gewinnen, nicht nur gewähren.

Quelle: Bischof, Roland (2014): Wie Profis Sponsoren gewinnen. Basiswissen und Leitfaden für die Praxis. 4. Auflage, BusinessVillage Verlag, Göttingen.

Durchführung: Tag der Veranstaltung

5

»Improvisation; das ist, wenn niemand die Vorbereitung merkt.«

François Truffaut, französischer Regisseur

Und dann ist er da, der große Tag! Doch halt: Einige Tage vor dem Event gibt es noch letzte Dinge zu erledigen, bis die Veranstaltung dann endlich über die Bühne gehen kann.

5.1 Aufbau und Vorbereitung

Von der Größe der Veranstaltung, der Teilnehmerzahl, der Location und vielen anderen Details hängt es ab, wann genau Sie mit dem Aufbau beginnen müssen. Ein Zelt ist nicht im Handumdrehen errichtet, und falls die Location mit vielen technischen Aufbauten oder einer aufwendigen Dekoration ausgestattet werden muss, wird der Aufbau vielleicht sogar einige Tage in Anspruch nehmen.

In einer gemieteten Location sind natürlich auch die Zeiten für Auf- und Abbau kostenpflichtig. Planen Sie die Aufbauzeit nicht zu knapp, damit im Falle eines Falles noch nachgebessert werden kann. Aber auch nicht zu großzügig, damit Ihnen keine unnötigen Kosten entstehen.

Findet Ihre Veranstaltung auf der grünen Wiese statt und wird beim Aufbau bereits hochwertiges Equipment installiert, engagieren Sie im Bedarfsfall einen Sicherheitsdienst, damit Sie in der Nacht vor der Veranstaltung Location und Technik in sicheren Händen wissen.

TIPP

Empfehlenswert ist es, den kompletten Ablaufplan noch einmal – zur eigenen Sicherheit – sorgfältig zu prüfen, zu aktualisieren und eine aktualisierte Fassung an alle Beteiligten zu senden. Ich persönlich habe mir angewöhnt, einige Tage vor dem Event die wichtigsten Dienstleister und Vertragspartner anzurufen, um Vereinbarungen und Termine noch einmal kurz abzustimmen. Das spart Nerven und gegebenenfalls eine schlaflose Nacht.

Das Veranstaltungsraster – wo wann was stattfinden wird – kann noch einmal eine Aktualisierung vertragen. Sicherlich haben sich einige spontane Änderungen ergeben. Gehen Sie den Plan noch einmal durch und kennzeichnen Sie, wo Sie möglicherweise nachsteuern müssen. Jetzt, ein bis drei Tage vorher, ist noch Zeit, sich einen Plan B auszudenken. Spontane Erweiterungen der Kapazitäten, Ersatz für Künstler oder Prominente, die auszufallen drohen, Vorkehrungen bei einer schlechten Wetterprognose: Ein guter Plan B rettet so manche Veranstaltung. Stimmen Sie gegebenenfalls Ihre Vorkehrungen mit der Geschäftsführung ab. Sehen Sie zu, dass Informationen über Änderungen im letzten Moment auch zu denen gelangen, die davon betroffen sind – insbesondere zu Ihrem Team.

Auch im Bereich Teilnehmermanagement ist noch die eine oder andere Liste auf den neuesten Stand zu bringen. Irgendwie ist es ein seltsames Phänomen: Kurz vor einer Veranstaltung flattern dann doch noch einige spontane Zusagen und Absagen ins Haus. Mit Absagen haben Sie üblicherweise die wenigste Arbeit. Außer, wenn es Ihnen ganze Tischpläne durcheinanderwirbelt und Sie Ihre Gäste noch einmal neu verteilen und platzieren müssen.

Bei kurzfristigen Zusagen sieht es schon anders aus: Unter Umständen kann es zu Kapazitätsproblemen kommen und Sie müssen schnell noch Stühle, Tische oder anderes Equipment organisieren. Und auch in Küche und Keller müssen zusätzliche Köstlichkeiten vorbereitet werden.

Beispiel: Kurzfristige Zusagen

Bei kurzfristigen Zusagen im kleineren Prozentbereich (statt 500 werden es nun 505 Personen sein) ist alles im grünen Bereich und Sie müssen sich keine Gedanken machen. Wenn aber statt 40 nun 46 Personen auf der Teilnehmerliste stehen und das bei einem gesetzten Sieben-Gang-Menü mit einer ausgeklügelten Tischordnung, sieht die Welt schon anders aus. Womit wir wieder bei Plan B wären und Ihre Flexibilität gefragt ist.

Aktualisieren Sie die Teilnehmerliste und melden diese Zahl auch an den Caterer, das Hotel oder die Tagungslocation, Shuttleservice usw. Bei diesen Dienstleistern und Vertragspartnern empfiehlt es sich übrigens im Vorfeld zu klären, inwiefern eine Veränderung der Teilnehmeranzahl Auswirkungen auf die Kosten haben kann.

Checken Sie noch einmal, ob alle Namensschilder da sind und die Sitz- beziehungsweise Tischordnung mit den gemeldeten Personen übereinstimmt.

Falls Sie Ihre Gäste mit einem Willkommensgruß auf dem Hotelzimmer überraschen möchten, dann ist nun der richtige Zeitpunkt, die Präsente zum Hotel bringen zu lassen.

5.2 Check aller Räumlichkeiten

Am Tag der Veranstaltung – einige Stunden vor dem Beginn – steht noch einmal ein Check aller Räumlichkeiten auf dem Plan:

- Stehen die Hinweisschilder an den richtigen Stellen?
- Sind alle Räume in einem einwandfreien Zustand? Auch der Pausenraum für das Team?
- Funktioniert die Technik?
- Ist das komplette Equipment vorhanden?
- Stimmt die Bestuhlung?
- Sind Getränke am Rednerpult vorbereitet?
- Ist der Weg zu den sanitären Anlagen ausgeschildert?

Jetzt haben Sie die letzte Chance, noch kleinere Änderungen vorzunehmen beziehungsweise vornehmen zu lassen.

TIPP

Findet Ihre Veranstaltung nicht in eigenen, sondern angemieteten Räumen statt, entspricht die Ausstattung der sanitären Anlagen vielleicht nur bedingt Ihren Ansprüchen.
Stellen Sie Ihren Gästen einen kleinen Korb mit diversen nützlichen Utensilien zur Verfügung: ein frisches Mundwasser in kleinen Fläschchen oder mit kleinen Bechern, Kamm und Bürste, Haarspray, Handcreme, Deo sowie Hygieneartikel und Reservestrumpfhosen für die Damen.

5.3 Gästeregistrierung/Gästebetreuung

Bevor Sie nun Ihre Gäste in Empfang nehmen, weisen Sie bitte alle Mitarbeiter in die einzelnen Aufgaben und Stationen ein (Teambriefing). Falls die Location Ihren Mitarbeitern fremd ist, ist ein Rundgang durch alle Räume ratsam, damit jeder weiß, wo was zu finden ist und hilfreiche Wegbeschreibungen geben kann. Besonderes Augenmerk legen Sie bitte auf die Unterweisung von Aushilfs- und Fremdpersonal.

Geben Sie Ihrer Crew auch alle Änderungen bekannt, wiederholen Sie die wichtigsten Anweisungen und stellen Sie sicher, dass Sie als Regisseur des Events erreichbar sind. Jeder muss Ihre Handynummer eingespeichert haben, alle Mobiltelefone müssen geladen sein. Da, wo Telefonieren stört, muss das Telefon auf stumm gestellt sein.

Geben Sie auch ruhig einmal Instruktionen zum Umgang miteinander. Das wird viel zu selten gemacht, was sehr oft die Stimmung und damit die Effektivität des Teams gefährdet. Hier ein paar Beispiele: Auch bei hohem Stress bleibt der Ton freundlich. Hektisches Umhergerenne ist kontraproduktiv. Zugleich ist jede Form von mangelnder Hilfsbereitschaft eine Todsünde. Der Projektleitung muss bei jeder Anordnung gehorcht werden. Rauchen, Essen, Trinken ist nur in dafür vorgesehenen Bereichen erlaubt.

Für Ihre Gästeregistrierung haben Sie ein Hospitality Desk (Empfangscounter) vorbereitet. Hier erhalten die Teilnehmer ihre Namensschilder und Tagungsunterlagen. Das Team am Hospitality Desk ist das Aushängeschild für Ihr Unternehmen. Die Mitarbeiter sollten gut geschult, kompetent und ortskundig sein. Und natürlich müssen sie tadellos aussehen. Der Empfangscounter ist die erste Anlaufstelle, der Dreh- und Angelpunkt für alle Fragen während der Veranstaltung und ist demzufolge ständig besetzt.

TIPP

Die Vorbereitung der Namensschilder mit System hilft, dem Ansturm der Gäste standzuhalten und die Gästeregistrierung souverän abzuwickeln. Sortieren Sie die Namensschilder nach Alphabet und teilen Sie den Counter in verschiedene Zonen ein. Die Unterteilung (zum Beispiel A–E, F–K, L–R, S–Z) ergibt sich jeweils aus der Anzahl der Schilder. Für jede Buchstabenzone ist ein Mitarbeiter zuständig. Es versteht sich von selbst, dass die Einteilung A–Z aus der Sichtweise des Gastes zu erfolgen hat.

Für Referenten und Presse halten Sie eine separate Registrierungszone bereit. Falls es sinnvoll ist, halten Sie einen extra Check-in für VIP-Teilnehmer vor. Um die anderen Gäste nicht zu verschnupfen, bietet es sich an, mit farblicher Unterscheidung zu arbeiten, anstatt den Begriff VIP-Check-in über den Counter zu schreiben.

Die Zeit der dicken Kursbücher und Flugpläne ist vorbei. Das Team des Hospitality Desks benötigt einen Laptop mit Internetzugang, um Bahn- oder Flugverbindungen in Erfahrung zu bringen. Eine Anfahrtsbeschreibung für die umliegenden Hotels oder ein Auszug aus dem Stadtplan – in diesem Fall analog auf Papier und in Farbe – ist ebenfalls nützlich.

Informationen über den Fahrplan des öffentlichen Personennahverkehrs, die Rufnummer der Taxizentrale oder des nächsten Taxistandes komplettieren das Angebot.

TIPP

Stellen Sie bereits einige Tage vor der Veranstaltung die Tagungsmappen und alle weiteren Unterlagen, die Sie vor Ort benötigen, zusammen. Für die Ausstattung Ihres Hospitality Desks oder Backoffices finden Sie in Kapitel 9 eine Checkliste, in dieser sind vom Reserve-Namensschild über den Kugelschreiber bis zur Sicherheitsnadel alle wichtigen Utensilien aufgeführt.

Die Gästebetreuung ist ein sensibles Thema und erfordert besonderes Fingerspitzengefühl. Manch prominenter Zeitgenosse verhält sich völlig unkompliziert und reiht sich in die Schlange vor dem Buffet ein wie die Engländer an der Bushaltestelle. Andere Menschen dagegen möchten ständig hofiert werden und erwarten, dass ihnen die berühmte Extrawurst gebraten wird.

Erkundigen Sie sich im Vorfeld im Büro oder bei der Agentur des Promis, inwieweit eine besondere VIP-Betreuung angebracht und erforderlich ist. Betrauen Sie mit dieser Aufgabe eine besonders kompetente Person.

Gegebenenfalls benötigen auch die Akteure, die durch Wort-, Sanges- oder sonstige Darbietungen zum Gelingen Ihres Events auf der Bühne beitragen, eine besondere Betreuung. Besondere Anforderungen wie das Mineralwasser aus einem entlegenen Teil dieser Welt, eine bestimmte Handtuchmarke und -farbe oder eine spezielle Blumenart, wie Sie bei einigen Showgrößen an der Tagesordnung sind, werden wohl eher die Ausnahme bleiben. Gleichwohl sind Sie gut beraten, sich über Sonderwünsche bei der zuständigen (Künstler-)Agentur zu informieren.

5.4 Ablauf der Veranstaltung

Wenn der Startschuss gefallen ist, die Veranstaltung läuft, können Sie nicht mehr planen. Jetzt hilft nur noch Improvisation: Wenn etwas schief läuft, müssen Sie sofort reagieren. Solche potenziellen Krisenherde immer wieder aufzuspüren und unschädlich zu machen, ist eine der wichtigsten Aufgaben, die Sie nun zu erledigen haben. Dies können Sie völlig ohne Hektik erledigen; erst wenn die erste Meldung aus Ihrem Team eintrifft, es sei etwas schiefgelaufen, etwas fehle oder jemand habe sich beschwert, sollte der Adrenalinpegel auf Kampfhöhe steigen. Ziehen Sie Ihren Einsatzplan aus der Tasche, rufen Sie verfügbare Kollegen im Pausenraum an, delegieren Sie, was Sie delegieren können. Nur dann bleiben Sie für die nächste Hiobsbotschaft empfänglich! Wer soll sich um einen politischen Gast kümmern, der sich über mangelnde Beachtung beschwert, wenn Sie im Keller umherirren und verzweifelt nach den Flaschen mit dem Tomatensaft suchen?

Der oder die Gastgeber begrüßen die Teilnehmer, Reden und Vorträge werden gehalten, Diskussionsrunden nehmen ihren Lauf, die Tagesordnung wird abgearbeitet und der Service kümmert sich um das leibliche Wohl der Gäste. Ihr Augenmerk liegt derweil auf vielen Details vor und hinter den Kulissen:

- Betreuung der Gäste und Akteure (Redner, Künstler)
- Halten Sie die Agenda im Blick, denn falls Verzögerungen eintreten, müssen Sie die davon betroffenen Personen umgehend informieren
- Auffüllen von Verbrauchsmaterialien, Flyer, Infomaterial
- Einhaltung der Pausen- und Ablösezeiten des Personals

- Regelmäßig Kontrolle der Räumlichkeiten
- Reinigung der sanitären Anlagen und Müllbehälter

Haben Sie ein besonderes Organisationstalent im Kader? Machen Sie ihn zum ›Chef de Service‹ und übertragen Sie ihm die volle Entscheidungsgewalt für Situationen, in denen Sie nicht eingreifen können – etwa, weil Sie auf der Pressekonferenz sein müssen oder ein Gespräch mit einem Ehrengast führen. Ihr Adlatus braucht notfalls auch eine Handkasse, damit er schnell Dinge besorgen lassen kann, die spontan fehlen oder langsam knapp werden.

Besonders schnell geht übrigens immer das Brot am Buffet weg. Es ist wie verhext, aber es hat sich immer noch nicht überall herumgesprochen, dass die Gäste sich durchaus großzügig am Brottisch bedienen.

Verlieren Sie auch nicht die Vertreter Ihrer eigenen Firma aus den Augen. Angesichts eines leibhaftigen Ministerpräsidenten oder manchmal schon Bundestagsabgeordneten verliert so mancher Manager die Contenance, versucht sich in dessen Blickfeld zu drängen oder aufzuplustern. Solch unwürdiges Scharwenzeln können Sie vermeiden, wenn Sie vorab dafür sorgen, dass die Obersten Ihrer Firma jedem Promi gleich zu Anfang formell vorgestellt werden. Achten Sie auch darauf, dass Ihre Chefs in Gegenwart eines Promis schnell ihre übliche Zurückhaltung aufgeben und den starken Mann zu markieren versuchen. Da wird dann schon mal barsch nach einem grünen Tee für den Herrn Minister verlangt – unabhängig davon, ob überhaupt einer verfügbar ist. Solche Situationen sind kritisch. Hier müssen Sie zur Stelle sein (denn unterhalb des Projektleiters wird dann nicht mehr adressiert) und Verstärkung mitbringen (damit auch einer die Wünsche ausführen kann). Wenn

Sie können, spendieren Sie dem angeblafften Kollegen ein kurzes, aufmunterndes Wort im Vorbeigehen.

5.5 PR auf dem Event

Haben Sie Medienvertreter auf Ihren Event eingeladen? Dann sollten Sie sich auch um sie kümmern. Sie benötigen mindestens einen Ansprechpartner, der auf alle Fragen der Presse antworten kann. Wichtig sind auch mögliche Interviewpartner, etwa Vertreter der Unternehmensführung.

Wenn Sie Prominenz zu Gast haben, dann sollte eine kleine Stafette von Ansprachen vorbereitet werden, wo jeder ein kleines Grußwort mit Freundlichkeiten abgeben kann. Bei Eröffnungen oder Präsentationen sollte anschließend Zeit für eine Führung oder Demonstration sein. Auch ein offizieller Akt wie zum Beispiel ein Banddurchschnitt oder das Drücken eines Startknopfs ist bei Journalisten ein beliebtes Motiv. Wenn Sie ein Programm (mit Uhrzeiten!) haben, versenden Sie es mit der Einladung; manche Redakteure haben einen dicht gepackten Tagesablauf und erscheinen oft nur zu den wichtigsten Ereignissen.

Überlegen Sie auch, was nicht passieren sollte. Manchmal ist es zum Beispiel nicht gerade angeraten, Medienvertreter frei durch Räume laufen zu lassen, in denen gerade gearbeitet wird oder sie in einen Haufen feiernder Mitarbeiter zu schicken. Zu groß ist die Gefahr, dass unvorbereitete, vielleicht gar frustrierte oder betrunkene Kollegen dem Mann von der Zeitung Dinge in den Block diktieren, die Ihr Unternehmen in unerwünschtem Licht dastehen lassen. Wenn es wirklich unglücklich läuft, kann ein solcher Vorfall den ganzen positiven Effekt eines Events in die Gegenrichtung kippen lassen.

Sehen Sie deshalb zu, dass es einen ordentlichen Betreuungsschlüssel gibt. Einer allein wird niemals einen Pulk von fünf Zeitungsredakteuren, zwei Fotografen und einem lokalen TV-Kamerateam einfangen können. Da brauchen Sie schon ein Team von zwei, drei kompetenten Leuten.

Abschlussphase

6

»Am Ende des Spiels werden die Tore gezählt. Und nicht die Schweißtropfen!«

Fußballerweisheit

Es ist geschafft! Ihre Veranstaltung ist beendet und war – bei der guten Vorbereitung! – ein voller Erfolg. Doch auch jetzt ist noch nicht aller Tage Abend und die To-do-Liste hält weitere Aufgaben bereit.

6.1 Abbau und Reinigung

Unmittelbar nach dem Ende der Veranstaltung wird aufgeräumt, geputzt und abgebaut. Für diese vielfältigen Aufgaben rücken diverse Helfer an. Falls die Veranstaltung nicht in den eigenen Räumen durchgeführt wurde, vereinbaren Sie mit dem Vermieter der Location, wer für welche Arbeiten zuständig ist. Reicht es, die Räume besenrein zu hinterlassen oder muss ein Reinigungstrupp eingesetzt werden?

Auch eigene Räume müssen für den normalen Betrieb wieder hergerichtet werden. Das eigene Reinigungspersonal können Sie durch zusätzliche Kräfte aufstocken. Putzmittel, Schrubber und Lappen kommen zum Einsatz. Halten Sie genügend Abfallsäcke und Tonnen bereit und beachten Sie eine eventuell vorgeschriebene Mülltrennung.

Vor dem Rücktransport von Material und Equipment prüfen Sie das Inventar und erstellen entsprechende Listen. Falls es Schwund und Bruch gegeben hat, melden Sie dies den verantwortlichen Stellen.

Die Reste der Bewirtung werden üblicherweise durch das Cateringunternehmen entsorgt beziehungsweise mitgenommen. Falls das Catering aus den eigenen Reihen gestellt wurde, dann werden die Reste entweder verteilt, gekühlt oder fachgerecht entsorgt.

TIPP

Gerne werden in Tagungslocations vertrauliche Unterlagen wie Zahlen, Aufstellungen, Teilnehmerlisten und einiges mehr vorne liegen gelassen. Damit diese nicht in falsche Hände gelangen, lassen Sie die Papiere einsammeln und gegebenenfalls vernichten. Auch Fundgegenstände werden gesammelt, in Tüten gepackt, beschriftet und an einem Ort aufbewahrt.

Wenn die Location gereinigt und leer ist, erfolgt die Abnahme und Übergabe. Eventuell entstandene Mängel und Schäden werden festgehalten und dokumentiert. Falls Zählerstände abzulesen sind, sollten diese beim Abnahmetermin notiert werden.

6.2 Erfolgskontrolle/Nachbereitung

Der Event ist gelaufen, den Gästen hat es gefallen, der Gastgeber/Veranstalter ist sehr zufrieden und Sie sitzen wieder an Ihrem eigenen Schreibtisch. Ihre Arbeit als Organisator ist noch nicht zu Ende, denn nun gilt es, die Veranstaltung nachzubereiten.

Anhand von Zahlen, Daten und Fakten können Sie eine erste Erfolgskontrolle durchführen: Wie viele Teilnehmer waren eingeladen, wie viele waren angemeldet und wie viele waren tatsächlich anwesend?

Falls Ihr Fokus darauf gerichtet war, Interessenten oder Neukunden zu gewinnen, werten Sie das vorhandene Adressmaterial (Visitenkarten, Preisausschreiben, Tombola) aus.

Feedbackbögen, sofern sie denn ausgefüllt und eingesammelt worden sind, bieten ebenfalls eine Möglichkeit der Erfolgskontrolle. Feedbackbögen werden oft anonym oder mit freiwilliger Namensangabe ausgefüllt. Einen Feedbackbogen können Sie an alle oder auch nur an ausgesuchte Teilnehmer verteilen. Stellen Sie nicht nur Skalenfragen: Wie hat Ihnen die Veranstaltung gefallen? Und der Teilnehmer kreuzt auf einer Skala – wie in der Schule – die Noten eins bis sechs an. Fordern Sie konkrete Meinungen mit offenen Fragen: Was kann man besser machen? Bitte nennen Sie uns Ihre Wünsche und Vorschläge für die nächste Veranstaltung.

TIPP **Stellen Sie sicher, dass die Feedbackbögen direkt ausgefüllt und wieder eingesammelt werden. Die Erfahrung zeigt, dass die Rücklaufquote bei nachträglich einzureichenden Bögen ausgesprochen schlecht ist.**

Versenden Sie weiterführende Unterlagen, Vortrags- oder Redebeiträge, falls Sie dies angekündigt haben.

6.3 Nach der Veranstaltung ist vor der Veranstaltung

In Anlehnung an den berühmten Spruch ›Nach dem Spiel ist vor dem Spiel‹ von Sepp Herberger (Bundestrainer der deutschen Fußballnationalmannschaft von 1950–1964), gilt auch im Eventmanagement ›Nach der Veranstaltung ist vor der Veranstaltung‹. Jeder neue Event ist eine neue Herausforderung. Eine sorgfältige Nachbereitung hilft Ihnen, Erkenntnisse und Erfahrungen zu gewinnen und diese in die Planung für die nächste Veranstaltung mit einfließen zu lassen.

6.4 Abrechnung und Manöverkritik

Die kaufmännische Abwicklung ist ein wichtiger Bestandteil Ihrer Aufgaben. Die eingehenden Rechnungen werden sorgfältig geprüft und mit den vorliegenden Angeboten verglichen. Erstellen Sie für die Nachkalkulation einen Soll-Ist-Vergleich. Zeigt die Nachkalkulation größere Abweichungen vom Budget, gehen Sie der Sache auf den Grund. Liegt es daran, dass ein Bereich bei der Budgetplanung schlicht vergessen worden ist? Oder haben sich die Kosten bei der Veranstaltungsdurchführung durch Einflüsse, die nicht von Ihnen zu vertreten sind, verändert? Eine Analyse ist in jedem Fall sinnvoll, nicht nur, weil Sie für das Budget geradestehen. Sie wollen ja auch eine Grundlage für die Planung von künftigen Veranstaltungen erhalten.

Führen Sie das Marketing- und Vertriebscontrolling anhand von Kennzahlen durch. Die Auflistung gibt Ihnen Beispiele für Kennzahlen im Veranstaltungsmanagement:

- Anzahl der Teilnehmer
- Anzahl der Buchungen
- Anzahl der Stornierungen
- Anzahl der Neukunden
- Veranstaltungsdauer in Stunden und in Tagen

- Interner Preis
- Externer Preis
- Gebühren
- Klickzahlen auf Webseiten
- Gespräche, die geführt wurden (zum Beispiel bei Messen)
- Personalkosten
- Reisekosten
- Erlöse

TIPP **Vergessen Sie nicht, eventuelle Akontozahlungen von den Schlussrechnungen abzuziehen und berücksichtigen Sie auch die Möglichkeiten Skonto zu ziehen.**

Die Manöverkritik – oder neudeutsch Debriefing – eignet sich ebenfalls zur Erfolgskontrolle. Holen Sie die Mitglieder Ihres Orgateams an einen Tisch. Sprechen Sie alle Punkte an, die in Ihren (und in den Augen Ihres Teams) nicht gut gelaufen sind. ›Aus Fehlern wird man klug‹, sagt eine deutsche Redensart. Und aus Fehlern lernt man nur, wenn diese erkannt werden, um es beim nächsten Mal besser zu machen. Sprechen Sie auch positive Punkte und Dinge, die besonders erfolgreich waren, bei der Manöverkritik an. Denn positives Feedback bietet eine gute Basis für Veranstaltungen in der Zukunft.

6.5 Pressearbeit und Dankschreiben

»Es ist ein lobenswerter Brauch: Wer was Gutes bekommt, der bedankt sich auch.«

Wilhelm Busch (1832–1908), dt. Schriftsteller, Maler und Zeichner

Sobald der Event gelaufen ist, beginnt die vielleicht wichtigste Phase der Pressearbeit: das Verschicken der Medieninformationen. Oft wird noch während des Events in einem ›war room‹ eine Pressemitteilung verfasst, mit brandaktuellen Bildern versehen und an den Medienverteiler verschickt. Jemand aus Ihrem Team sollte sich in dieser Phase außerdem als Ansprechpartner für eventuelle Rückfragen bereithalten. Jetzt entscheidet sich, ob Ihre Zielgruppe den Ball aufnimmt oder nicht.

Unternehmensintern muss nun ebenfalls das Nötige getan werden, damit der Event in einem angemessenen Licht dasteht. Zur PR gehört auch die Auswertung der Resonanz. Dafür sollten Sie zumindest die Artikel sammeln, die sich mit dem Event beschäftigen. Vergessen Sie dabei nicht die Online-Medien. Nach einer Woche sollten Sie Ihrer Firma ein Presseecho zur Verfügung stellen. Das dient nicht nur der Erfolgskontrolle, sondern auch der Mitarbeiterzufriedenheit.

Viele Menschen haben zum Erfolg Ihrer Veranstaltung beigetragen. Alle freuen sich, wenn Sie das auch kommunizieren.

Den Teilnehmern senden Sie zur Erinnerung einige Fotos, eine Foto-CD oder ein Fotobuch sowie ein Schreiben, mit dem Sie sich für die Anwesenheit und Teilnahme bedanken.

Künstler, Redner und Referenten sowie Dienstleister, Lieferanten und Sponsoren freuen sich ebenfalls über ein Feedback und ein Dankeschön.

Dem Veranstaltungsteam und allen dienstbaren Geistern, die zum Gelingen beigetragen haben, bereiten Sie mit einem kleinen Präsent eine besondere Freude.

TIPP

Ein Los der Aktion Mensch ist ein nettes Präsent für Referenten und dienstbare Geister. Sie tun gleichzeitig etwas Gutes. Das Präsent verwelkt nicht, ist leicht und daher gut zu transportieren und kann im Bedarfsfall ohne Probleme per Post nachgeschickt werden. Und wenn Fortuna dem Empfänger hold ist ... dann ist auch noch ein schöner Gewinn drin.

Zum krönenden Abschluss erstellen Sie einen Ordner – sei es analog oder digital – in dem Sie die gesamte Veranstaltung dokumentieren. So schaffen Sie die Grundlage für die nächste Veranstaltung!

Verschiedene Musterveranstaltungen

7

Nachfolgend finden Sie einige Beispiele aus der Praxis für die Vorbereitung und die Durchführung von Veranstaltungen. Vielleicht erhalten Sie durch diese Beispiele Anregungen für die Planung Ihrer eigenen Veranstaltung. Beachten Sie jedoch, dass die Beispiele nicht unbedingt eins zu eins umsetzbar sind, da jeder Event einzigartig ist.

7.1 Grundsteinlegung

Ziel	Grundsteinlegung eines Bürogebäudes (im Folgenden auch VA = Veranstaltung genannt)
Zielgruppe	Zukünftige Mieter und deren Geschäftspartner Beteiligte Firmen am Bau Geschäftspartner des Bauherrn Vertreter von Politik und Wirtschaft Presse
Teilnehmerzahl	180
Dauer der VA	Drei Stunden
Vorbereitungszeit	Drei bis vier Monate
Orgateam	Eventmanagerin Mitarbeiterin Sekretariat/Verwaltung Technischer Mitarbeiter Leiter Unternehmenskommunikation
Planung	Im ersten Schritt werden ein Grobkonzept und ein erstes vorläufiges Budget erstellt. Die künftigen Mieter erstellen Listen mit ihren Wunschgästen (mit den wesentlichen Kontaktdaten wie Name, Vorname, Firma, Anschrift, Telefon- und Faxnummer). Auf Grundlage dieser Listen und den Ergänzungen durch den Bauherrn wird eine Einladungsliste erstellt.

	Die Einladungsschreiben inklusive Antwortformulare werden acht Wochen vor dem Ereignis an die Gäste verschickt. Letzte Frist für die Rücksendung der Antwortformulare ist zwei Wochen vor der Grundsteinlegung. Parallel dazu erfolgt die Beauftragung für das Zelt, für die Technik (Ton, Beschallung, Beleuchtung), Catering, Dekoration, Möblierung etc. Security, Reinigungskräfte, Servicepersonal, Aushilfspersonal werden engagiert. Selbstverständlich wurden vorab entsprechende Kostenvoranschläge für alle Positionen eingeholt, Preisverhandlungen durchgeführt, das Budget angepasst und aktualisiert. Die Teilnehmerliste (Zu- und Absagen) wird laufend aktualisiert.
Besonderheit	Für den Akt der Grundsteinlegung wird eine Edelstahlschatulle mit den Bauzeichnungen, aktuellen Tageszeitungen, einigen Banknoten und Münzen sowie anderen Erinnerungsstücken befüllt. Die Schatulle wird vom Bauherrn und dem Bürgermeister mit Unterstützung eines Handwerkers in einen Stein im Fundament eingebaut. Der Stein wird mit einer Edelstahlabdeckung verschlossen, auf der die Daten der Grundsteinlegung eingraviert sind. Schatulle und Edelstahlabdeckung werden rechtzeitig bestellt und graviert.
Location	Zelt auf beziehungsweise neben der Baustelle Die Grundsteinlegung findet auf der Baustelle statt und daneben befindet sich eine große Freifläche. Auf dieser werden ein großes Zelt für die Feier und ein kleines Küchenzelt errichtet. Da in unmittelbarer Nähe bereits ein Bürogebäude fertiggestellt ist, können die sanitären Anlagen von den Gästen der Grundsteinlegung genutzt werden. (Die Kontrolle und Reinigung hierfür obliegt dem Veranstalter der Grundsteinlegung.)

Catering	Fingerfood, Getränke (Bier, Softdrinks)
Equipment	Mobile Küche, Bierwagen, Stehtische, Rednerpult, Hospitality Desk/Empfangscounter, Dekoration (Pflanzen), Geschirr, Gläser
Technik	Tontechnik, Mikrofonanlage, Beleuchtung Strom und Wasser sind auf der Baustelle vorhanden.
Personal	Techniker, Hostessen, Verkehrsposten, Security, Fotograf, Servicepersonal, Küchenpersonal, Reinigungskräfte, Hausmeister
Redner	Bauherr, Hauptmieter, Bürgermeister

Einige Tage vor der VA	Aufbau Zelt und Küchenzelt. Namensschilder und Teilnehmerliste werden erstellt. Pressemitteilung erstellen und Pressemappen vorbereiten.
Am Tag vor der VA	Vorbereitung des Grundsteins auf der Baustelle. Anlieferung Bierwagen. Anlieferung und Aufbau Küchenequipment und Möblierung. Die Teilnehmerliste wird aktualisiert und ausgedruckt. Ein Hospitality Desk (Empfangscounter) wird aufgebaut und eingerichtet. Material gemäß der Checkliste *Backoffice*. Die Technik im Zelt wird installiert. Damit an Zelt, Technik und Equipment kein Schaden entsteht, ist eine Nachtwache (Security) engagiert.
Am Tag der VA	Letzter Check Technik, Bewirtung Bereitstellung von Kelle und Mörtel für das Einmauern des Grundsteins. Das Personal wird auf die einzelnen Positionen eingeteilt und gebrieft.

	Die Namenschilder werden nach Alphabet am Counter vorbereitet.
Durchführung	Der Bürgermeister wird vom Bauherrn in Empfang genommen. (Foto) Die Pressevertreter werden vom Leiter Unternehmenskommunikation empfangen und erhalten die Pressemappen. Weiterführende Fragen zum Bauprojekt werden beantwortet. Der Akt der Grundsteinlegung wird durchgeführt und die Reden gehalten. Anschließend findet im Zelt die Bewirtung der Gäste statt.
Während der VA	Servieren von Fingerfood und Getränken. Kontrolle der sanitären Einrichtungen.
Abbau und Reinigung	Die Hostessen (Hospitality Desk) sind zuständig für das Einsammeln der Namensschilder und sonstiger schriftlicher Unterlagen. Servicepersonal und Küchenpersonal sind zuständig für Abräumen von Speiseresten und Geschirr. Stehtische, Möblierung, technisches und sonstiges Equipment werden durch die entsprechenden Dienstleister abgebaut und verstaut. Der Zeltabbau erfolgt am Tag nach der Veranstaltung.
Nachbereitung Erfolgskontrolle	Die Zeitungsartikel über die Veranstaltung werden in einer Pressemappe (Presseclipping) gesammelt und dem Bauherrn sowie den künftigen Mietern zur Verfügung gestellt. Dankschreiben mit Foto-CD an künftige Mieter. Rechnungskontrolle, Vergleich mit Angeboten, Soll-/Ist-Abgleich mit dem Budget, Bezahlung. Dankschreiben an alle Beteiligten (Service, Küche, Hostessen, sonstige Helfer).

Manöverkritik und Fazit	Alles hat gut geklappt, der Bauherr war sehr zufrieden. Hinter den Kulissen gab es einen kleinen Schreckmoment: Fünf Minuten vor Beginn der Veranstaltung war der Bürgermeister noch nicht anwesend. Der Termin war Monate vorher vereinbart worden; sein Büro konnte in dem Moment nicht erreicht werden und die bange Frage stand im Raum bzw. im Zelt: Kommt er oder kommt er nicht? Er kam dann mit einigen Minuten Verspätung. Fazit: Bei allen wichtigen Akteuren einen Tag vor der VA noch einmal nachfragen, damit im Notfall Plan B greifen kann.

Nachdem der Grundstein gelegt wurde, alle weiteren Arbeiten in den nächsten Monaten zügig erledigt worden sind, wird das Bauvorhaben fristgerecht beendet. Die Mieter können einziehen und der nächste Event folgt auf dem Fuße.

7.2 Eröffnung eines Bürogebäudes

Ziel	Eröffnung eines Bürogebäudes (im Folgenden auch VA = Veranstaltung genannt)
Zielgruppe	Mieter und deren Geschäftspartner Beteiligte Firmen am Bau Geschäftspartner des Bauherrn Minister Vertreter von Politik und Wirtschaft Presse
Teilnehmerzahl	250
Dauer der VA	Vier Stunden
Vorbereitungszeit	Sechs Monate
Orgateam	Eventmanagerin Mitarbeiterin Sekretariat/Verwaltung Technischer Mitarbeiter Leiter Unternehmenskommunikation
Planung	Der Platz vor dem Bürogebäude ist öffentliches Straßenland. Da ein Teil des Platzes bei der Eröffnung mit einbezogen wird – roter Teppich – werden entsprechende Genehmigungen beim Ordnungsamt eingeholt. Die öffentlichen Parkplätze neben dem Gebäude werden für die Dauer der Veranstaltung für das Ministerfahrzeug und die Fahrzeuge weiterer VIP-Gäste benötigt. Auch hierfür werden Genehmigungen beim Ordnungsamt eingeholt. Grundlage der Einladungsliste ist die Liste der Grundsteinlegung. Weitere Gäste (inklusive der relevanten Kontaktdaten) werden von den Mietern und dem Bauherrn benannt. Ein Save-the-Date wird circa vier Monate vor der Veranstaltung verschickt.

	Die Einladungsschreiben inklusive Antwortformulare werden acht Wochen vor dem Ereignis an die Gäste verschickt. Letzte Frist für die Rücksendung der Antwortformulare ist zwei Wochen vor der VA. Im ersten Schritt werden wieder ein Grobkonzept sowie ein erstes vorläufiges Budget erstellt. Parallel dazu erfolgt die Beauftragung für die Technik (Ton, Beschallung, Beleuchtung), Catering, Dekoration, Möblierung (Stühle, Stehtische) sonstiges Equipment (Garderobenständer, Schirmständer) etc. Security, Reinigungskräfte, Servicepersonal, Aushilfspersonal werden engagiert. Wiederum werden vorab Kostenvoranschläge für die einzelnen Positionen eingeholt und Preisverhandlungen durchgeführt. Auch das Budget wird ständig angepasst und aktualisiert. Die Teilnehmerliste (Zu- und Absagen) wird laufend aktualisiert.
Besonderheit	Da in das Bürogebäude eine Firma einer speziellen Branche einziehen wird, nimmt ein Minister (Landesebene) an der Einweihungsveranstaltung teil. Aufgrund der Teilnahme des Ministers müssen strengere Sicherheitsvorkehrungen eingehalten werden. Die Anreise und die erforderlichen Sicherheitsvorkehrungen werden mit dem Ministerbüro abgesprochen. Nach der offiziellen Eröffnung – Ansprachen der Redner – haben die anwesenden Presse- und Medienvertreter die Gelegenheit, Fragen an Minister und Hauptmieter zu stellen. Anschließend wird der Minister ein Band (blau) durchschneiden. Danach findet für den Minister eine geschlossene Führung durch das Gebäude statt, die vom Bauherrn und Hauptmieter begleitet wird.

Location	Empfangsbereich des Bürogebäudes im Erdgeschoss – Rundgang durch die Mieteinheiten in den Obergeschossen.
Catering	Flying Buffet (herzhaft und süß) Getränke (Wein, Bier, Softdrinks, Kaffee)
Equipment	Stühle, Stehtische, Rednerpult, Blumen-Dekoration, Geschirr, Gläser (Ein Küchenzelt entfällt, da die Küche im Bürogebäude genutzt werden kann. Die Speisen werden fertig angeliefert.)
Technik	Tontechnik, Mikrofonanlage, Beleuchtung
Personal	Techniker, Hostessen, Verkehrsposten, Security, Fotograf, Servicepersonal, Küchenpersonal, Reinigungskräfte, Hausmeister
Redner	Minister, Hauptmieter, Bauherr

Einige Tage vor der VA	Parkverbotsschilder auf den öffentlichen Parkplätzen aufstellen. Diese Plätze sind für Minister und VIP-Gäste reserviert. Namensschilder und Teilnehmerliste werden erstellt. Pressemitteilung erstellen und Pressemappen vorbereiten.
Am Tag vor der VA	Einrichten der Absperrung für den Teilbereich des öffentlichen Platzes. Anlieferung und Aufbau der Stühle und Stehtische. Für einen Teil der Gäste werden Stuhlreihen im vorderen Teil der Empfangshalle aufgebaut. Die anderen Gäste werden stehen. Teilnehmerliste aktualisieren und ausdrucken. Ablaufplan wird aktualisiert. Einrichten des Hospitality Desks (der Empfangscounter des Bürogebäudes kann genutzt werden). Inventarliste gemäß Checkliste *Backoffice*.

Am Tag der VA	Anlieferung Speisen und Getränke Check und Kontrolle Technik und Möblierung Das Personal auf die einzelnen Positionen einteilen und briefen. Namenschilder nach Alphabet am Counter auslegen. Infomaterial am Counter auslegen, Check, ob alle notwendigen Dinge vor Ort sind (Teilnahmeliste, Blankoschilder) Auslegen von Pressemappen und Namensschilder für die Journalisten. Ausrollen roter Teppich – Anbringung des Bandes (Schere bereithalten) Reservierung der Stühle in der ersten Reihe für die VIP-Gäste (Namensschilder).
Durchführung	Eintreffen der Gäste Eintreffen der Presse- und Medienvertreter (Begrüßung durch Leiter Unternehmenskommunikation) Der Minister wird pünktlich vom Hauptmieter und Bauherrn in Empfang genommen (Foto) und zum Rednerpult geleitet. Begrüßung durch den Bauherrn, Ansprachen von Minister und Hauptmieter. Fragen der Pressevertreter werden beantwortet. Durchschneiden des blauen Bandes durch Minister und Bauherrn, anschließend geschlossener Rundgang durch die Räumlichkeiten. Danach haben alle Gäste die Möglichkeit das Bürogebäude zu besichtigen. Die Bewirtung der Gäste findet parallel dazu im Empfangsbereich im Erdgeschoss statt.
Während der VA	Servieren von Flying Buffet und Getränken Nachfüllen von Infomaterial am Hospitality Desk/ Empfangscounter Ständige Kontrolle durch Security Kontrolle der sanitären Einrichtungen

Abbau und Reinigung	Unmittelbar nach dem Ende der VA sammeln die Hostessen (Hospitality Desk) Namensschilder und sonstige schriftliche Unterlagen ein. Servicepersonal und Küchenpersonal räumen Speisereste, Geschirr und Gläser ab. Stehtische, Möblierung, technisches und sonstiges Equipment werden durch die entsprechenden Dienstleister abgebaut und verstaut. Einsatz des Reinigungspersonals, anschließend Start des normalen Bürolebens.
Nachbereitung Erfolgskontrolle	Presseclipping wird dem Bauherrn und den Mietern zur Verfügung gestellt. Dankschreiben mit Foto-CD an VIP-Gäste und Mieter. Rechnungskontrolle, Vergleich mit Angeboten, Soll-/Ist-Abgleich mit dem Budget, Bezahlung Dankschreiben an alle Beteiligten (Service, Küche, Hostessen, sonstige Helfer). Alle Ablaufpläne, Checklisten, Foto werden für die Dokumentation gesammelt und in einem Ordner aufbewahrt.
Manöverkritik	Alles hat gut geklappt, der Bauherr, die Mieter und alle Mitwirkenden waren sehr zufrieden.

7.3 Sommerfest

Ziel	Grillfest für die Mitarbeiter (im Folgenden auch VA = Veranstaltung genannt)
Zielgruppe	Alle Mitarbeiter der Unternehmens
Teilnehmerzahl	120
Dauer der VA	Vier Stunden (14 bis 18 Uhr)
Vorbereitungszeit	Drei bis vier Monate
Orgateam	Eventmanagerin Sekretärin/Mitarbeiterin Verwaltung
Planung	Im ersten Schritt werden ein Grobkonzept sowie ein erstes vorläufiges Budget erstellt. Die Einladungsschreiben werden acht Wochen vor dem Fest an die Mitarbeiter verschickt. Letzte Frist für die Rücksendung (telefonisch oder per Mail) ist zwei Wochen vor der VA. Parallel dazu erfolgt die Beauftragung für Catering, Equipment, Künstler und Personal. Vorab wurden Kostenvoranschläge für die einzelnen Positionen eingeholt und Preisverhandlungen durchgeführt. Das Budget wird angepasst und aktualisiert. Die Teilnehmerliste (Zu- und Absagen) wird laufend aktualisiert.
Besonderheit	Keine
Location	Freifläche beziehungsweise Halle der Firma Wasser und Strom sind vorhanden
Catering	Grillbuffet mit Salaten und diversen Beilagen Eis, Kuchen Getränke (Bier, Softdrinks, Kaffee)

Equipment	Bierbänke und -tische, Sonnenschirme, Bierwagen, Zelt und Tische für Buffet, Grill, Blumen-Dekoration, Geschirr, Gläser, Bestecke, Servietten, Aschenbecher etc. Zelt und Tische für DJ
Künstler	DJ (bringt technisches Equipment mit) Zauberkünstler als Showact
Personal	Grillmeister, Köche, Servicepersonal, Hausmeister (Technik), Security
Redner	Der Gastgeber spricht ein paar Worte zur Begrüßung.

Einige Tage vor der VA	Ortstermin mit allen Beteiligten und letzte Abstimmung über den Ablauf. Teilnehmerliste aktualisieren und ausdrucken.
Am Tag vor der VA	Ablaufplan wird aktualisiert
Am Tag der VA	Anlieferung und Aufbau des gesamten Equipments durch Dienstleister und Catering-Crew. Aufbau Tontechnik durch DJ Servicepersonal wird eingeteilt und gebrieft.
Durchführung	Eintreffen der Gäste, Einlasskontrolle durch Security (mittels Teilnehmerliste) Begrüßung durch den Gastgeber It's Party-time ... Gegen 15 und 16 Uhr Auftritt des Zauberkünstlers.
Abbau und Reinigung	Unmittelbar nach Ende der Veranstaltung startet der Abbau und Abtransport des gesamten Equipments durch Servicepersonal und Küchenpersonal bzw. durch die entsprechenden Dienstleister. Reinigung und Müllentsorgung werden ebenfalls sofort erledigt.

Nachbereitung Erfolgskontrolle	Kontrolle der Teilnehmerliste um Anwesenheit zu prüfen. Rechnungskontrolle, Vergleich mit Angeboten, Soll-/Ist-Abgleich mit dem Budget, Bezahlung.
Manöverkritik	Kleinere organisatorische Defizite im Cateringbereich. Sonst keine Beanstandungen.

7.4 Karnevalssitzung

Eine Karnevalssitzung zu organisieren ist schon etwas Besonderes, aber in einer karnevalistischen Hochburg wie Köln eine spannende Aufgabe. Zu erwähnen ist, dass die nachfolgend beschriebene Karnevalssitzung nicht für eine Karnevalsgesellschaft, sondern für ein Wirtschaftsunternehmen organisiert wurde.

Der Vorlauf für die Planung einer Karnevalssitzung beträgt circa achtzehn Monate. Das wird Ihnen sehr lang erscheinen, doch die Reservierung eines entsprechenden Saales findet teilweise bereits drei bis vier Jahre vorher statt.

Für die Programmgestaltung holen Sie sich eine professionelle – im Karneval gut vernetzte – Künstleragentur ins Boot. Denn nur so ist gewährleistet, dass Sie die Künstler, die im Karneval Rang und Namen haben, auf die Bühne bekommen. Die Programmfolge für die verschiedenen Karnevalssitzungen in einer Session (so nennt man die fünfte Jahreszeit in Köln) werden also schon ungefähr achtzehn Monate vorher festgelegt und die Künstler gebucht.

Das nachfolgende Organisationsraster weicht wegen der vielen Besonderheiten einer Karnevalssitzung von den vorherigen Rastern ab.

Ziel	Förderung des Brauchtums – Spaß an der Freud
Zielgruppe	Geschäftspartner und deren Gäste
Teilnehmerzahl	1.500
Dauer der VA	Fünf bis sechs Stunden (19:30 bis circa 1:00 Uhr)
Vorbereitungszeit	Drei bis vier Jahre (Raumbuchung) Achtzehn Monate (Programm) Zwölf Monate (Organisation)
Orgateam	Eventmanagerin Mitarbeiter Verwaltung Inhaber der Künstleragentur
Besonderheit	Im Karneval gibt es sehr viele Besonderheiten. Diese werden durch einzelne Unterpunkte dargestellt und entsprechend erläutert.
Motto	Jede Session hat ein eigenes Motto. Dieses Motto wird üblicherweise am Tag nach Rosenmontag für das kommende Jahr vorgestellt. Das Motto für das Jahr 2015 lautet: ›social jeck – kunterbunt vernetzt‹! Das Motto, welches jedes Jahr unterschiedlich ist, wird als Grundlage für den Orden genommen, der für die Veranstaltung extra angefertigt wird. Das Layout des Ordens wird von einem Grafiker entworfen. Der Orden selbst wird aus Metall geprägt und bunt bemalt. Die Orden werden an die auftretenden Künstler verschenkt und an die Teilnehmer verkauft. Die Vorlage für den Orden zieht sich als Logo (Corporate Identity) durch alle Printmedien der Sitzung (Einladung, Bestellformular, Eintrittskarten, Tischkarten (groß mit Tischnummer), Tischkärtchen (klein mit Namen)).

Budget	Einnahmen werden durch den Verkauf von Eintrittskarten und Orden erzielt. Ausgaben für Programmgestaltung, KSK, GEMA-Gebühren, Technik/Beleuchtung Hotel, Brandwache, Sanitätsdienst, Security, Druck Einladung und Eintrittskarten, Porto, Orden Grafiker + Prägekosten, Tischdekoration, Kostüme Elferrat, Eventmanager, sonstiges Kleinmaterial.
Location	Großer Saal in einem Hotel
Catering	Erfolgt durch das Hotel, Gäste sind Selbstzahler
Personal	Servicepersonal wird durch Hotel gestellt Sonstiges Personal: Fotografen, Security, Einlasspersonal, Maskenbildner, Hilfspersonal für Raumdekoration werden durch den Veranstalter gebucht.
Akteure	Künstler: Organisation durch Künstleragentur Elferrat: Mitarbeiter des Veranstalters

Einladung und Kartenbestellung	Die Einladung inklusive Bestellformular (Karten und Orden) wird drei Monate vor der VA verschickt. Die Karten- und Ordenbestellungen werden nach Eingang bearbeitet und in einer Liste (Exceltabelle) erfasst. Diese Liste ist Grundlage für Rechnungsstellung und Kartenversand. Die Kartenbestellungen werden im Saalplan eingetragen. Auf dem Saalplan sind die Lage der einzelnen Tische sowie die Anzahl der Stühle pro Tisch eingezeichnet. Die Auseinandersetzung mit einem Saalplan ist eine besondere Kunst. Es gibt eine bestimmte Anzahl von Plätzen an den einzelnen Tischen. Und diese Plätze müssen den eingehenden Bestellungen zugeordnet werden. Da kann es leicht zu Unstimmigkeiten kommen. Und zwar immer dann, wenn die Zahl der bestellten Karten größer ist als die Zahl der zur Verfügung stehenden Plätze. Oder wenn die Lage der zu vergebenden Tische nicht mit den Wünschen der Kunden übereinstimmt.

	Es ist eine kleine bis größere Gratwanderung, die zur Zufriedenheit von (fast) allen Gästen erfolgreich erledigt wurde.
Eintrittskarten	Die Eintrittskarten werden drei Monate vor der VA gedruckt. Sie erhalten eine durchlaufende Nummerierung, die Beschriftung der Tischnummern erfolgt manuell. Nach Eingang der Bestellungen erfolgen Rechnungslegung und Versand der Rechnung. Der Kartenversand erfolgt (grundsätzlich nur nach Zahlungseingang) circa drei Wochen vor der VA.
Elferrat	Die Kostümierung des Elferrats wird auf das Sessionmotto abgestimmt. Die Beschaffung der Kostüme organisiert die Eventmanagerin über einen Kostümverleih. Recherche und Aussuchen der Kostüme erfolgt circa 6 bis 8 Wochen vor der Sitzung, die Anprobe der Kostüme circa zwei bis drei Wochen vorher. Der Elferrat wird durch zwei Maskenbildnerinnen geschminkt, hierfür wird ein Schminkplan aufgestellt. Im Hotel gibt es einen separaten Raum als Garderobe für den Elferrat.
Dekoration	Der Saal ist mit einer Grunddekoration (Wände und Bühne) ausgestattet. Die Tischdekoration wird vom Veranstalter übernommen. Da die Tische sehr schmal sind, ist kein Platz für eine üppige Tischdekoration. Es werden Luftschlangen und Kleinmaterial (Glitzersteinchen) in den Farben des Ordens als Dekomaterial eingesetzt. Tischschilder mit dem Logo (Orden) und Namensschilder (für VIP-Gäste) werden vorbereitet.
Einige Tage vor der VA	Abholung des bestellten Dekomaterials Druck der Tisch- und Namensschilder Letzter Abgleich des Saalplans Aktualisierter Schminkplan an den Elferrat Letzter Check und Abgleich mit dem Hotel

Am Tag der VA	Transport aller Materialien (Dekomaterial, Orden, Ersatzkarten, Tischpläne etc.) zum Hotel. Dekoration der Tische, Verteilung der Tisch- und Namensschilder durch das Orgateam des Veranstalters. Schminken des Elferrats.
Durchführung	Einlass der Gäste durch Security. Beginn und Ablauf der Sitzung nach Plan.
Nachbereitung Erfolgskontrolle	Rechnungskontrolle, Vergleich mit Angeboten, Soll-/Ist-Abgleich mit dem Budget, Bezahlung Dokumentation aller Vorgänge als Basis und Grundlage für die nächste Karnevalssitzung.
Manöverkritik	Keine – alles gut gelaufen!

Trends

8

»Gegen den Kulturstrom kann man nicht schwimmen, doch man kann sich an Land retten.«

August Strindberg, schwedischer Dramatiker und Maler

8.1 Grüne Veranstaltungen/Nachhaltigkeit

Think Green! Diese Aufforderung lesen wir immer häufiger in E-Mails und die Botschaft, die dahinter steht, will uns sagen ›Verzichten Sie darauf diese E-Mail auszudrucken‹.

Think Green! Auch für die Planung von Veranstaltungen können wir uns diese Aufforderung zu Herzen nehmen. ›Grüne‹ Veranstaltungen liegen im Trend und werden in der Zukunft eine immer größere Bedeutung bekommen. Im Zusammenhang mit ›grün‹ fällt meist zugleich der Begriff Nachhaltigkeit. Dem Sinn nach wissen wir alle, was sich hinter diesem Begriff versteckt. Erlauben Sie mir trotzdem, Ihnen die Definition für diesen Begriff vorzustellen, auf die ich bei meinen Recherchen zu diesem Kapitel des Ratgebers gestoßen bin:

Was bedeutet Nachhaltigkeit?

Die Begriffe ›Nachhaltigkeit‹, ›Nachhaltige Entwicklung‹ oder englisch ›sustainable development‹ werden heute in vielen Zusammenhängen genutzt, sie sind richtige Modewörter geworden. Bis Mitte der 1990er-Jahre war das Thema fast nur in der wissenschaftlichen Diskussion zu finden und zielte auf Berücksichtigung von langfristigen Konsequenzen des wirtschaftlichen Handelns ab. Im politischen Kontext hat sich die Bedeutung in Richtung des Umweltbewusstseins verlagert. Der von der Bundesregierung berufene Rat für Nachhaltige Entwicklung fasst die Grundideen für nachhaltiges Handeln mit den Worten zusammen:

»Nachhaltige Entwicklung heißt, Umweltgesichtspunkte gleichberechtigt mit sozialen und wirtschaftlichen Gesichtspunkten zu berücksichtigen. Zukunftsfähig wirtschaften bedeutet also: Wir müssen unseren Kindern und Enkelkindern ein intaktes ökologisches, soziales und ökonomisches Gefüge hinterlassen. Das eine ist ohne das andere nicht zu haben.« (Quelle: Lexikon der Nachhaltigkeit: *www.nachhaltigkeit.info*)

Was bedeutet das für einen Event? Nun, Sie können sich darauf gefasst machen, dass selbst Mainstream-Veranstaltungen demnächst von immer mehr geladenen Gästen kritisch unter die Lupe genommen werden. Denn Umweltbewusstsein ist längst in der Mitte der Gesellschaft angekommen – und immer mehr Menschen meinen es damit ernst, handeln selbst sehr konsequent und verlangen das auch von anderen. Und dabei geht es längst nicht mehr um die Vermeidung von Plastikbesteck. Immer öfter wird auf Klimaneutralität geachtet, also darauf, ob ein Event nicht allzu viele negative Auswirkungen auf den allgemeinen Ausstoß von Klimagasen nach sich zieht. Neben dem Umweltaspekt werden auch ethische Kriterien immer wichtiger: fairer Handel, Tierschutz, Arbeitsbedingungen in Entwicklungsländern.

Das Augenmerk liegt also darauf, bei der Planung von nachhaltigen Veranstaltungen die verschiedenen Punkte, die Sie schon aus Kapitel 3 *Eventplanung* kennen, nun unter Nachhaltigkeitsaspekten zu beleuchten.

Die größte potenzielle Umweltbelastung einer Veranstaltung liegt bei der An- und Abreise. Im Vorfeld können Sie prüfen, ob die Veranstaltung, ein Meeting oder eine Konferenz, überhaupt stattfinden muss oder ob ein virtuelles Treffen, zum Beispiel eine Telefonkonferenz, ausreichen würde. Entscheiden Sie sich für eine persönliche Zusammenkunft, so gilt es, die Details unter die Lupe zu nehmen.

Wenn auch die Teilnehmer wahrscheinlich nicht mit dem Fahrrad anreisen können, so gibt es verschiedene umweltfreundliche Anreisevarianten. Wählen Sie den Veranstaltungsort so, dass eine Nutzung von öffentlichen Verkehrsmitteln möglich ist. Unter *www.bahn.de/Veranstaltungsticket* bietet die Deutsche Bahn eine umweltschonende Option, mit der Sie den CO_2-Fußabdruck Ihrer Veranstaltung bereits nachhaltig verbessern können.

Falls Ihre Location nicht in unmittelbarer Nähe eines Bahnhofs liegt, bieten sich Fahrgemeinschaften oder Sammeltransporte (Shuttlebusse) an.

Weitere große Themenbereiche sind Hotelunterkunft und Catering. Beginnen Sie mit der Veranstaltung zu einem Zeitpunkt, bei dem alle Teilnehmer die Möglichkeit haben, am Tag des Events anzureisen. So sparen Sie zusätzliche Übernachtungen und liefern Ihren Beitrag zum Umweltschutz. Planen Sie das Ende einer Veranstaltung im gleichen Sinne, damit die Teilnehmer noch gut nach Hause kommen.

Auf der Website *www.fairpflichtet.de* – eine Initiative des GCB German Convention Bureau e. V. und des EVVC Europäischer Verband der Veranstaltungs-Centren e. V. – finden Sie unter der Rubrik Unterstützer zahlreiche Locations, Hotels, Dienstleister und Verbände, die sich dem Nachhaltigkeitskodex der deutschsprachigen Veranstaltungsbranche verschrieben haben. (Quelle: *www.fairpflichtet.de*)

Beim Thema Catering ist es relativ leicht, grüne Aspekte zu berücksichtigen. Bieten Sie regionale und vor allem saisonale Produkte an. Zur Weihnachtsfeier müssen keine Erdbeeren oder Spargel und im Hochsommer kein Grünkohl auf der Speisekarte stehen. Und wenn es um importierte Lebensmittel oder Getränke wie zum Beispiel Kaffee oder Tee geht, dann achten Sie bitte darauf, dass diese aus fairem Handel kommen.

Viele Caterer verarbeiten Produkte aus kontrolliert biologischem Anbau. Diese Produkte sind üblicherweise mit einem Bio-Prüfsiegel gekennzeichnet.

Als Durstlöscher muss kein Wasser aus den exotischen Ländern dieser Welt eingeflogen werden. Stellen Sie Wasser in Glaskaraffen auf den Tisch – in vielen Gegenden Deutschlands eignet sich sogar Leitungswasser! Erkundigen Sie sich vorab, wo es gewonnen wird – in Bochum zum Beispiel gibt es herrlich weiches Wasser aus Sauerlandtalsperren, während in Duisburg kalkhaltiges Rhein-Uferfiltrat serviert werden müsste. Wo immer es machbar ist, arbeiten Sie mit Mehrwegverpackungen. Das muss dem Stil beileibe keinen Abbruch tun.

Wir hatten es schon: Vermeiden Sie den Gebrauch von Plastikgeschirr und -besteck. Es ist ohnehin stillos. Verzichten Sie auf Tischwäsche und aufwendige Dekorationen, die viel Müll verursachen. Schmücken Sie Ihre Location mit saisonalen Pflanzen – und das möglichst im Topf.

Schnittblumen werden allzu oft aus Kenia oder Kolumbien importiert, wo sie unter aberwitzigem Einsatz von Pestiziden gezüchtet und anschließend nach Europa geflogen werden. Diese Praxis schädigt nicht nur die Umwelt, sondern auch Menschen in den Herkunftsländern.

Die Dienstleister der Eventtechnik können Ihnen für die Bereiche Beleuchtung und Beschallung umweltfreundliche und energiesparende Technik anbieten.

Müllvermeidung ist die umweltschonendste Art der Müllentsorgung. Leider lässt sich das nicht immer durchgängig realisieren. Machen Sie es einen Schritt kleiner: Reduzieren Sie Ihr Müllaufkommen und nehmen den Begriff Mülltrennung wörtlich, indem Sie verschiedene Behälter für Papier, Kunststoff, Restmüll und Glas aufstellen.

Das papierlose Büro ist in vielen Unternehmen leider noch Traum oder Wunschdenken. Beim Teilnehmermanagement können Sie weitestgehend auf Papier verzichten. Anmeldungen und Teilnahmebestätigungen werden online abgewickelt und die Teilnehmerunterlagen stellen Sie in einem Download-Bereich auf Ihrer Veranstaltungsseite zur Verfügung.

Und zum Thema Namensschild, das Sie nach der Veranstaltung wieder einsammeln, ist in Kapitel *Beschilderung und Tagungsmaterialien* bereits alles gesagt: Danke für Ihr Namensschild!

Zu Beginn dieses Kapitels habe ich den CO_2-Fußabdruck erwähnt: Der CO_2-Fußabdruck, auch CO_2-Bilanz genannt, ist ein Maß für den Gesamtbetrag von Kohlendioxid-Emissionen, der, direkt und indirekt, durch eine Aktivität verursacht wird oder über die Lebensstadien eines Produkts entsteht. (Quelle: *http://de.wikipedia.org/wiki/CO2-Bilanz*). Verschiedene Organisationen bieten Unterstützung bei der Berechnung des CO_2-Fußabdrucks Ihrer Veranstaltung an. Die entsprechenden Webseiten finden Sie im Anhang unter *Nützliche Adressen*.

Auf diesen Webseiten finden Sie auch Tipps, wie Sie Emissionen kompensieren können und umweltfreundliche Alternativen finden.

Beispiel: Wir pflanzen einen Baum

Bereits im Jahr 1990 haben wir anlässlich der Jahrestagung eines Berufsverbandes, die in Köln stattgefunden hat, eine Umweltaktion durchgeführt: Wir haben einen Baum gepflanzt!

Dank der Unterstützung vom Grünflächenamt durften wir diesen Baum mitten in Köln auf dem – damals noch mit einer kleinen Grünanlage versehenen – Heumarkt pflanzen. Die Tagung fand in einem nahe gelegenen Hotel statt und nach Ende des Fachprogramms zog der komplette Teilnehmertross mit Baum, Schubkarre, Spaten und Gießkanne auf die andere Straßenseite, wo bereits ein Pflanzloch (durch das Grünflächenamt) vorbereitet war. Nicht nur der Baum wurde begossen, auch der Event im Event wurde medienwirksam vermarktet.

Mit dieser Baumpflanzaktion waren wir unserer Zeit weit voraus, denn das Modell des CO_2-Fußabdrucks wurde erst im Jahr 1994 entwickelt. Doch es war für viele Teilnehmer ein schönes Gefühl, etwas Sinnvolles für die Umwelt getan zu haben.

Wenn Sie weitergehende Anregungen für die Planung von nachhaltigen und grünen Veranstaltungen haben möchten, dann schauen Sie sich die nachfolgenden Tipps an.

TIPP

Die Plattform für klimafreundliche Veranstaltungen (http://www.my-green-meeting.de) bietet Ihnen umfangreiche Informationen für Grüne Meetings.

Das Bundesministerium für Umwelt, Naturschutz, Bau und Reaktorsicherzeit hat einen interessanten und aussagekräftigen *Leitfaden für die nachhaltige Organisation von Veranstaltungen* herausgegeben. Sie finden diesen Leitfaden, der wichtige Informationen für Sie bereithält, unter *www.bmu.de/umweltgerechte-veranstaltungen*.

TIPP

Im Jahr 2012 haben die Olympischen Spiele in London stattgefunden. Diese waren der Startschuss für die ISO 20121:2012, die internationale Norm für nachhaltiges Veranstaltungsmanagement (Event sustainability management systems). Um bestens für die nachhaltige Planung einer Veranstaltung gerüstet zu sein, können Sie diese Norm anwenden.

8.2 Demografischer Wandel/Generation 55+

»Man braucht sehr lange, um jung zu werden.«

Pablo Picasso, spanischer Maler

Deutschland wird jedes Jahr älter. Das wissen Sie. Aber es wird auch in der Arbeitswelt immer weiblicher, bunter, vielfältiger, ausländischer, offener. Versuchen Sie sich das einmal gedanklich vorzustellen – es gelingt nicht. Man denkt automatisch an alles zugleich und sieht vor seinem geistigen Auge tanzende afrikanische Omis mit Rollator.

Das ist natürlich nicht, was Sie auf einem Event erwarten wird. Derzeit ist es im Gegenteil noch so, dass Menschen ab 55 in manchen Bereichen gar nicht mehr auftauchen. Viele Konzerne haben derzeit noch Programme am Laufen, die über Altersteilzeit, Abfindungen und Ruhestandsprogramme ältere Menschen konsequent aus dem Personalbestand zu drängen versuchen. Dahinter liegt immer noch die mittlerweile seltsam altmodisch wirkende Shareholder-Value-Denke: Je weniger Mitarbeiter, desto positiver erhofft man sich die Wirkung auf den Aktienkurs. Und Mitarbeiter abzubauen funktioniert eben immer noch am besten mit Vorruhestandsregelungen.

Woanders hat man längst den Wert älterer Arbeitnehmer erkannt und stellt sie gezielt ein – oder hält sie mit allen Mitteln. Denn sie bringen Erfahrung, Ruhe, Disziplin und Verlässlichkeit in die betrieblichen Strukturen ein. Ich gehe in diesem Kapitel auf die Anpassung von Events auf ältere Besucher ein, der zunehmenden Internationalität widme ich mich im nächsten Kapitel.

Wo haben Sie einen hohen Anteil an älteren Teilnehmern? Allen voran dort, wo diese sich aus Interesse an speziellen Themen gerne anmelden: Vorsorgetage, kulturelle und häufig auch politische Termine, Symposien und dann natürlich alle Veranstaltungen, in denen Ehrenämter eine Rolle spielen. Denn hier treffen sich auch die verfrüht Ausgeschiedenen wieder, die ihre freie Lebenszeit nun anderen sinnvollen Dingen widmen. Ihre Kraft und ihr Intellekt sind häufig ungebrochen.

Grundsätzlich gilt: Je älter die Teilnehmer sind, desto drastischer ändern sich auch die Anforderungen an die Location und die gesamte Organisation. Sollten Sie selbst die Vierzig überschritten haben, merken Sie vielleicht schon an sich selbst, dass manche Altersleiden sehr früh einsetzen. Hierzu zählen die beginnende Weitsichtigkeit und Einschränkungen in der akustischen Wahrnehmung. Letztere beginnen meist damit, dass es zunehmend schwerfällt, sich bei verschiedenen gleich lauten Geräuschen auf eines zu fokussieren. Grundlärm wird als massiv störend empfunden.

Eine gute Akustik ist also unabdingbar und kann durch entsprechendes technisches Equipment sichergestellt werden. Alle Mitwirkenden sollten hinreichend laut, deutlich und mit ansprechender Satzmelodie sprechen. Vermeiden Sie laute Hintergrundgeräusche. Ein Graus sind zischende Espressomaschinen, Straßenlärm und Gemurmel im Saal.

Achten Sie auch auf eine gute – blendfreie – Beleuchtung im ganzen Raum. Alles was Sie in schriftlicher Form vorlegen, vom Namensschild bis zur Teilnehmerliste, verfassen Sie bitte nicht in einer 8-Punkt-Schrift, sondern so groß, dass es mit bloßem Auge gelesen werden kann.

Entscheidend ist die Altersgrenze von 55 Jahren bei den meisten Kriterien allerdings nicht. 55-Jährige teilen häufig den Musikgeschmack mit 35-Jährigen, haben ähnliche Ansichten und einen ähnlichen Zugang zum Leben. Sie sind fit, im Vollbesitz sämtlicher Kräfte und stehen mitten im Leben. Anders sieht es schon aus, wenn Sie viel Publikum jenseits der 70 haben. Diese Menschen bewegen sich von der Lebensphase der jungen Alten zu der der alten Alten. Die körperlichen Einschränkungen nehmen massiv zu, insbesondere die der Beweglichkeit. Auch stellt man hier einen deutlicheren kulturellen Unterschied fest: Wer älter als 75 ist, hat den Krieg noch als Kind miterlebt und ist ganz anders aufgewachsen als die Jüngeren.

Ich habe zwar schon oft festgestellt, dass gerade ältere Menschen sich zunehmend mit dem Internet befassen, Rentner in Facebook vertreten sind und sich 80-jährige Damen in Computerkursen tummeln. Versenden Sie Ihre Einladung dennoch so, dass sich jemand ohne E-Mail-Anschrift und Internetzugang problemlos zu Ihrer Veranstaltung anmelden kann.

Bei der Bewirtung achten Sie auf leichte und frische Speisen. Viele ältere Menschen haben nicht mehr so einen großen Appetit, bereiten Sie deshalb kleinere Portionen vor. Bei den Getränken bieten Sie bitte auch Varianten in Zimmertemperatur oder koffeinfrei an.

Die Problematik mit dem Namensschild und dem Herzschrittmacher hatte ich Ihnen schon in Kapitel 3 *Eventplanung* beschrieben: Verzichten Sie auf Namensschilder mit Magnethalterung.

Die medizinische Betreuung durch einen Sanitätsdienst ist generell in der Versammlungsstättenverordnung geregelt. Wenn Sie auf Nummer sicher gehen wollen, dann engagieren Sie auch für kleinere Gruppen eine medizinische Betreuung. Diese wichtigen Helfer können Sie über die Organisationen wie Deutsches Rotes Kreuz, Johanniter oder Malteser Hilfsdienst engagieren.

Menschen mit eingeschränkter Mobilität sind auf einen barrierefreien Zugang angewiesen. Achten Sie bitte darauf, dass diese Anforderung für die komplette Location inklusive der sanitären Anlagen, der Gehwege sowie der Parkplätze gilt. Selbstverständlich muss die Anfahrt auch mit öffentlichen Verkehrsmitteln möglich sein.

Ältere Teilnehmer danken es Ihnen, wenn Sie für ausreichende Sitzmöglichkeiten – vor allem während der regelmäßigen Pausen – sorgen. Ein schneller Imbiss am Stehtisch ist weder für hochbetagte Menschen noch für Rollstuhlfahrer angebracht. Sitzmöbel für Senioren sollten nicht zu niedrig sein; Armstützen und Lehnen unterstützen das Aufstehen. Planen Sie ein Raumsetting, bei dem alle eine gute Sicht nach vorne haben und sich nicht den Hals verrenken müssen. Beachten Sie außerdem, dass manche Teilnehmer einen Stock oder einen Rollator benutzen. Lassen Sie mehr Platz zwischen den einzelnen Reihen und den Mittelgängen. Und sorgen Sie bei der Garderobe für die Möglichkeit eines Rollator-Parkplatzes.

Ist Ihnen etwas aufgefallen? Viele Passagen gehen auf gutes Sehen und Hören, Barriere- und Bewegungsfreiheit ein. Wenn Sie einmal in sich gehen, sind dies Aspekte, die auch Sie persönlich sicherlich schätzen, selbst wenn Sie erst 25 Jahre alt sind und vor Gesundheit strotzen! Nicht über Teppichkanten oder Balkonschwellen zu stolpern, im Gang noch an einer zweiten Person bequem vorbeizupassen, in der Toilette reichlich Platz für die abgestellte Aktentasche und den aufgehängten Mantel zu haben – das mag doch jeder! Vielleicht sollten Sie ein wenig 55+ in alle Ihre Events einfließen lassen.

8.3 Interkulturelle Veranstaltungen

In unserer globalisierten Welt ist es nicht ungewöhnlich, dass ein Manager für eine Tagung oder eine Konferenz um die halbe Welt jettet. Im Gegenzug kommen dann unsere internationalen Partner auch gerne zu einer Tagung oder einem Meeting nach Deutschland. Wenn Sie glauben, interkulturelle Veranstaltungen beschränken sich auf solche Jetset-Events, dann überlegen Sie einmal:

- Warum bieten Kantinen Halal-Essen an – oder kennzeichnen Menüs mit dem Zusatz ›Enthält Schweinefleisch‹?
- Warum gibt es in fast allen Konzernen die Unternehmenssprache Englisch?
- Warum werden Altenpflegekräfte in Werbekampagnen, die soziale Träger für die Personalsuche schalten, häufig als dunkelhäutige Frauen dargestellt?

Weil Deutschland längst selbst interkulturell geworden ist. Was früher als ausländisch bezeichnet wurde, ist gelebte Normalität. Im Business gibt es ohnehin keine Debatten um Leitkultur oder Multikulti, hier begegnet man sich allein schon deshalb mit dem gebotenen Respekt, weil es gut für das Geschäft ist.

Trotzdem gibt es natürlich verschiedene Sprachen, Religionen und Kulturen. Diese zu berücksichtigen ist auch eine Aufgabe von Eventorganisatoren. Betrachten Sie Ihre Zielgruppe: Weichen viele oder zumindest manche von ihnen vom deutschen Standard ab? Wenn ja, sollten Sie darauf bewusst eingehen. Sie beweisen damit interkulturelle Kompetenz. ›Interkulturell‹ steht laut Duden für die Beziehungen zwischen verschiedenen Kulturen. Das Thema Sprache spielt eine wichtige Rolle insbesondere bei Symposien. Hier greift man oft auf Simultanübersetzer und Dolmetscher zurück. Nicht selten tragen ja auch die Redner auf Englisch vor – dann tragen viele Deutsche die Kopfhörer, die sonst für die internationalen Gäste bereitliegen.

TIPP

Gute Simultanübersetzer sind ein wichtiger Faktor für das Gelingen einer Veranstaltung mit Niveau. Sehen Sie zu, dass Sie hier Qualität erhalten. Der Verband der Konferenzdolmetscher im BDÜ (*http://konferenzdolmetscher-bdue.de/de*) kann Ihnen Mitglieder aus der Region empfehlen, die staatlich geprüft sind oder sich durch die Beherrschung bestimmter Fachgebiete auszeichnen.

Als Ausrichter des Events kommt Ihnen eine besondere Rolle zu. Weil Sie Gastgeber sind, richten sich die Augen internationaler Gäste automatisch auf Sie. Wenn Sie Moderationsaufgaben übernehmen erst recht. Da können Sie punkten, wenn Sie dem Experten aus Ungarn oder der Referentin aus Dänemark in deren Landessprache zumindest ein ›Guten Tag!‹ entgegenbringen können, besser sogar noch ein ›Willkommen!‹ dazu. Sie glauben gar nicht, wie geehrt sich diese Menschen fühlen können, dass Sie sich derart auf sie vorbereitet haben.

Eine besondere Herausforderung liegt immer dann vor, wenn Sie Menschen mit unterschiedlichen Mentalitäten unter einen Hut zu bringen versuchen. Große Konzerne, die Niederlassungen und Büros in der ganzen Welt haben, haben üblicherweise Mitarbeiter, die sich mit der jeweiligen Mentalität der anderen Länder auskennen. Schwieriger wird es dagegen, wenn Sie keine Erfahrungen mit dem internationalen oder interkulturellen Leben machen konnten. Informieren Sie sich in diesem Fall vorab, auf welche Mentalitäten Sie sich einstellen müssen. Hier helfen Ihnen im Zweifelsfall internationale Industrie- und Handelskammern oder Wirtschaftsverbände weiter.

Der Mensch neigt dazu, all das als falsch oder negativ zu bewerten, was nicht zu seiner eigenen Wertevorstellung passt. Da wird zum Beispiel das Zuspätkommen eines Teilnehmers als unhöflich und respektlos empfunden. Im Heimatland des so Gerügten kann es durchaus üblich sein, dass auf Pünktlichkeit bewusst kein allzu großer Wert gelegt wird. Ein Spanier wird es vielleicht sogar umgekehrt als unhöflich empfinden, wenn Sie ihm keinerlei Freiraum in seiner Zeiteinteilung lassen.

Beispiel: Die pünktlichen Deutschen

Ein Kollege erzählte mir einmal, dass er sich in den Neunzigern in Coimbra mit Studenten an einem verkehrsreichen Platz verabredet hatte; er reiste aus Deutschland mit dem Auto an. Als Ankunftstermin nannte er den 1. September, 15 Uhr; aufgrund von Grenzkontrollen kam er aber eine halbe Stunde später an. Ihm war das peinlich – aber die Studenten empfingen ihn mit Transparenten und Jubel. Später sprachen sie ihn darauf an, wie er denn sein Kommen so präzise hätte angeben können.

Mentalitätsunterschiede gibt es mehr als man denkt: Selbstverständlichkeiten verkehren sich in Affronts, Höflichkeiten in Belästigungen – und umgekehrt. In vielen Kulturen ist es zum Beispiel wichtig und üblich, erst einmal eine gute und vertrauensvolle Beziehung aufzubauen, bevor man sich mit der eigentlichen Thematik beschäftigt. Um hier eine unterschiedliche Denkweise festzustellen, muss man nicht unbedingt Tausende von Kilometern reisen. Ein kurzer Trip zu unseren französischen Nachbarn reicht aus, um große Mentalitätsunterschiede festzustellen.

Beispiel: Über geduldige Franzosen und ungeduldige Deutsche

In den ersten Jahren meiner Berufstätigkeit habe ich ein Jahr im schönen Paris gelebt. Auch heute noch kann ich mich gut daran erinnern, wie ein typisches Arbeitsessen ablief: Ein mehrgängiges Menu wurde serviert – natürlich mit den korrespondierenden Getränken – man sprach über dieses und jenes. Und ganz zum Schluss, nach Dessert und Kaffee wurde das eigentliche Thema angesprochen. Die Weiterführung des Gesprächs fand dann bei einem nächsten Treffen – üblicherweise eine Gegeneinladung – statt und wenn man Glück hatte, wurde das Thema schon zwischen Hauptgang und Dessert besprochen.

Für Franzosen ist das eine völlig normale Vorgehensweise, für uns ungeduldige Deutsche kann es zur Tortur ausarten, zumindest wenn man keinen Sinn für kulinarische Freuden hat. Locker bleiben und genießen!

Wir Deutschen neigen dazu, ein Thema direkt anzusprechen und schnell auf den Punkt zu kommen. Dadurch wirken wir auf unsere ausländischen Geschäfts- und Gesprächspartner oftmals sehr direkt und ungeduldig. Üben Sie sich in der Kunst des Small Talks. Engländer und Amerikaner sind hier besonders gut. Sollten Sie mit Chinesen zu tun haben, können Sie sich sogar auf einen Tag einrichten, in dem keinerlei verbindliches Sachthema angesprochen wird. Geschäfte mit Chinesen sind eine Investition für das Leben – auch auf der Beziehungsebene. Bleiben Sie also guten Gewissens auf der Oberfläche von Höflichkeiten und Herzlichkeiten. Aber auch beim Thema Small Talk tun sich Abgründe zwischen den verschiedenen Kulturen auf. Was in einem Land zum guten Ton gehört, kann woanders unter Umständen ein absoluter Fauxpas sein. Wenn Sie es vermeiden, über die Themen Politik und Religion zu plaudern, haben Sie schon viel gewonnen.

Gleichwohl bestimmt die Religion die Verhaltensweisen, insbesondere die Essgewohnheiten vieler internationaler Gäste. Viele Menschen dürfen entsprechend der Speisevorschriften ihres Glaubens bestimmte Lebensmittel nicht essen, da diese als unrein gelten. Auch das Thema Alkohol spielt eine Rolle, die nicht vernachlässigt werden sollte. Haben Sie Geschäftspartner aus muslimischen Ländern? Dann beachten Sie zwingend den Fastenmonat Ramadan. Sinnvollerweise planen Sie in diesem Zeitraum erst gar keine internationale Konferenz.

Ansonsten erkundigen Sie sich nach den Präferenzen auf der Speisekarte. Es gibt internationale Klassiker; besser noch sind mehrere Gerichte zur Auswahl. Bedenken Sie Besonderheiten, zum Beispiel, dass Asiaten Milchprodukte verabscheuen und nichts Rohes essen, auch keinen Salat. Eine Einladung ins Steakhouse ist bei einer japanischen Delegation beispielsweise nicht angebracht.

TIPP

Vor einigen Wochen habe ich zwei sehr interessante Artikel, die in der Zeitung *Die Zeit* erschienen sind, zum Thema interkulturelle Kompetenz gefunden. Die Fundstellen möchte ich Ihnen nicht vorenthalten: Ein Artikel trägt die Überschrift *Wie die Welt verhandelt* (*www.zeit.de/2012/38/interkulturelle-kompetenzen-karriere*). Der andere hat die etwas verwirrende Überschrift *Tanz mit mir* (*www.zeit.de/2012/44/interkulturelle-kompetenz-verhandlungen*).

9 Virtuelle Veranstaltungen

Die vergangenen Jahre haben es uns gezeigt – ohne virtuelle Events kommt kein Unternehmen mehr aus. Hier gibt es verschiedene Formate. Entweder Sie führen ein Event rein digital durch – sprich: alle Teilnehmenden sitzen vor einem Rechner oder nehmen sogar am Smartphone teil. Oder Sie entscheiden sich für die hybride Variante und dies bedeutet, dass ein Teil der Gäste vor Ort live und in Farbe präsent sind und ein anderer Teil online dazu geschaltet wird. Die hybride Variante ist eine besondere Herausforderung für Sie als Organisator und Veranstalter.

Ich möchte einige Punkte besonders betrachten:

- Die Vor- und Nachteile von virtuellen Events
- Unterschiede in der Planung von virtuellen Events und Präsenzveranstaltungen
- Was muss besonders beachtet werden?
- Werbung für virtuelle Events

9.1 Die Vor- und Nachteile von virtuellen Events

Ganz klare Vorteile für virtuelle Events sind die höhere Reichweite und die niedrigen Reisekosten.

Nachteile dagegen sind zum einen die technischen Herausforderungen. Leider haben immer noch nicht alle Regionen eine stabile Internetverbindung. Ein weiterer Punkt kann darin liegen, dass die Teilnehmenden nicht technikaffin sind. Auch das Netzwerken, welches auf Präsenzveranstaltungen immer eine große Rolle spielt, kann zu kurz kommen oder geht ganz verloren, weil der Austausch unter den Personen fehlt.

Bei vielen Events steht die Emotionalisierung im Vordergrund. Um Emotionen hervorzurufen, werden Erlebniswelten inszeniert und die fünf Sinne – Sehen, Hören, Tasten, Riechen und Schmecken – angesprochen. Die Aufnahme von Informationen erfolgt visuell, auditiv, haptisch, olfaktorisch und geschmacklich.

Und da sind wir schon beim Thema. Auch hier gibt es Vor- und Nachteile von virtuellen Events? Können wir die fünf Sinne in der digitalen Welt überhaupt richtig ansprechen? Ich behaupte jetzt einfach mal: JA, es ist möglich. Vielleicht nicht alle Sinne zur selben Zeit und in dem Umfang, wie das in einer Präsenzveranstaltung geht.

Wenn Sie eine Automesse durchführen, dann möchten Sie Ihren Kunden die Gelegenheit geben, sich in das Auto zu setzen, das Lenkrad haptisch anzufassen, den Geruch der Ledersitze mit der Nase aufzunehmen um so das ganze Auto zu erfühlen. Das ist – in der digitalen Welt – zumindest mit den für uns üblicherweise eingesetzten digitalen Möglichkeiten nicht immer umsetzbar.

Wenn Sie dagegen eine Weinprobe oder ein Schokoladen-Tasting durchführen, dann haben Sie die Möglichkeit den Teilnehmenden vorab ein Probierpaket zuzusenden.

9.2 Unterschiede in der Planung von virtuellen Events und Präsenzveranstaltungen

Grundsätzlich ist eine fundierte Planung das A und O im Veranstaltungsmanagement und diese wird nicht weniger, weil es sich um ein virtuelles Format handelt. Eher das Gegenteil ist der Fall: wenn etwas vergessen wurde, ist es häufig schwierig in der digitalen Welt mal gerade einen Kollegen anzuhauen und ihn um Hilfe zu bitten.

Die Herausforderung als Chance für bessere Veranstaltungen

Für viele mag eine virtuelle Konferenz mit hunderten Gästen erst mal als Mammutaufgabe erscheinen. Die Tatsache, dass die Organisierenden im Moment oft selbst im Homeoffice arbeiten, macht es dabei nicht einfacher. Doch mit ein paar Fragen lässt sich die Komplexität schnell reduzieren und die Aufgabe strukturieren:

- Wie muss die Agenda gestaltet werden, um auch im virtuellen Raum zu funktionieren? Gerade bei einer virtuellen Konferenz sind kurze Sessions und häufige Pausen wichtig. In diesem Zusammenhang sollte bei der Auswahl der Speaker klar auf die wichtigsten Beiträge fokussiert werden. Für Vertiefungen, ob als Video oder PDF, ist genügend Platz im Downloadbereich.
- Haben wir den richtigen Technikpartner? Einige Unternehmen haben bereits in der Vergangenheit ihre Veranstaltungen zum Beispiel an andere Standorte übertragen, aber die neuen Anforderungen erfordern schlicht mehr technisches Know-how, eine komplexere Plattform und eine gute Hotline, an die sich die Teilnehmenden jederzeit wenden können.

- Wo werden die Teilnehmenden und Speaker sein? Sind alle im Homeoffice oder zumindest die Vortragenden an einem Ort? Ist sichergestellt, dass sie währenden der Veranstaltung nicht gestört werden (zum Beispiel durch Familienmitglieder) und ihre Internetverbindung nicht unter parallelem Traffic (zum Beispiel Streaming oder Gaming) leidet?
- Wie gut sind die Speaker technisch ausgestattet und wie fit sind sie im Umgang mit virtuellen Meetings und Veranstaltungen? Wie können alle mit der gleichen technischen Ausstattung (Headsets, externe Webcams) versorgt werden und wie werden die Bildhintergründe gestaltet, um ein professionelles, einheitliches Veranstaltungsdesign zu gewährleisten?
- Welche Tools (zum Beispiel für Umfragen) wurden in der Vergangenheit bereits eingesetzt und können diese nun auch genutzt werden? Mit welchen wertschätzenden Aktionen kann man die Veranstaltung zusätzlich aufwerten? Da das Catering naturgemäß wegfällt, können Sie den Teilnehmenden zum Beispiel Lunch-Pakete oder Lieferservice-Gutscheine zusenden.
- Können Vorträge vorab aufgezeichnet werden? Gerade bei Referenten, die sich schwer damit tun, ganz alleine vor einer Kamera zu sprechen, kann dies mitunter ein gangbarer Weg sein. Aber Vorsicht: Übertreibt man es, wirkt die Veranstaltung schnell unauthentisch.

Events haben immer ein Ziel und einen Anlass (siehe Kapitel 2). Anlassbezogene Events können sehr anspruchsvoll in der Organisation sein. Dafür sind häufig keine komplizierten Inhalte zu berücksichtigen.

In Zeiten von digitalen Events ist es eine besondere Herausforderung, Kunden anzusprechen, sie ans Unternehmen zu binden und etwas Besonderes zu bieten.

Wie schon erwähnt, sollten Sie Programme mit sittlichem Nährwert planen. Online-Events ohne Sinn sind zunehmend schwierig zu vermitteln, zumal in der digitalen Welt das Angebot groß ist und die Rahmenbedingungen für eine Teilnahme häufig nur einen Mausklick entfernt sind.

Deshalb sind auch bei digitalen Events die verschiedenen Phasen: Planung – Durchführung – Abschluss von großer Wichtigkeit.

Praxistipps

Stellen Sie sich folgende Fragen:

- Wozu mache ich/machen wir das Event?
- Was sollen die Teilnehmer denken, fühlen und machen?
- Gibt es einen Mehrwert für eventuelle Sponsoren?

Teilnehmermanagement

Gerade in der digitalen Welt ist ein gutes und digitales Teilnehmermanagement unabdingbar und die Grundlage für eine gelungene Veranstaltung. Sie können sich ja schlecht die Zusagen per Postkarte oder Faxformular zusenden lassen.

Beachten Sie die Datenschutzbestimmungen. Auch hier ist zu beachten, dass bei einigen Unternehmen teilnehmerbezogene Daten nicht auf anderen als den eigenen Servern bearbeitet und gespeichert werden dürfen.

Erstellen Sie für Ihr Event eine Landingpage auf der auch ein Tool zur Online-Registrierung integriert ist.

Rechtliche Vorschriften

Auch bei virtuellen Events gilt es, die rechtlichen Vorschriften zu beachten. Mit der GEMA und der KSK haben wir uns schon in Kapitel 3.8 beschäftigt.

Technische Voraussetzungen

Die Technik ist eines der Hauptthemen bei der Organisation von digitalen Events. Hier gibt es unendliche Möglichkeiten von einfachen Video-Meetings, welches eine Handvoll Teilnehmer mal so gerade für ein Jour-Fix abhalten bis hin zu aufwendigen Streaming-Angeboten, die mitunter in einem Green-Screen-Studio produziert werden. Bei Streaming sprechen wir nicht von Netflix & Co, sondern von professionellen Filmern und optimal ausgestatteten Studios.

Je professioneller Sie Ihr Event durchführen umso mehr müssen Sie in Technik investieren. Manchmal reichen ein Headset und eine Laptop-Kamera, für große Konferenzen benötigen Sie die Unterstützung von Profis.

Eine Auswahl an Konferenztools:

- Zoom: barrierefrei und einfach zu nutzen
- Wonder Me: geht nur auf PC und Laptop, kein Safari möglich
- Livewebinar
- Big Blue Button: Hosting in Deutschland – Das neue Webkonferenzsystem für Online-Lernen. Hundert Prozent DSGVO-konform.
- Jitsi Meet: Die Entwickler des Open-Source-Tools geben an, dass eine Videokonferenz über Jitsi vollständig verschlüsselt ist. Zudem werden keine personenbezogenen Daten erhoben, da kein Account für die Nutzung notwendig ist.
- GoToMeeting
- GoToWebinar
- MicroSoft Teams: MS 365
- Slack
- Google Meet
- Cisco WebEx
- Mikogo bietet Ihnen ein Konferenz-Tool »Made in Germany« für Online-Meetings, Präsentationen und Screen-Sharing
- Adobe Connect Meeting ist auf die professionelle Nutzung ausgelegt
- Skype

Nachstehend finden Sie einige Praxis-Tipps, damit Fehler erst gar nicht stattfinden:

- Ton vor Bild
- Headset
- Kamera
- Internetverbindung

- Back-up bereithalten
- Cooler Hintergrund/Hintergrundbild
- Im Stehen moderieren
- Moderator (technikaffin bzw. digital erprobt)
- Webinarsoftware
- Back-up-Regie
- Probetermin
- Speakerbriefing
- Speaker benötigt Kopfhörer und Mikrofon
- Ablaufplan

Programm und Agenda

Bei Online-Events ermüden die Zuhörer/Zuschauer schneller. Planen Sie ein interaktives und abwechslungsreiches Programm, dies ist der Schlüssel zum Erfolg. Das Format sollte mehrfach wechseln. In welchem Zeitfenster, das ist abhängig von der Dauer Ihres Events. Bei einstündigen Meetings oder einem Webinar ist keine große Abwechslung erforderlich. Falls Sie jedoch ein Tagesevent organisieren, dann wechseln Sie Aktionen und Methoden alle fünfzehn bis zwanzig Minuten.

Hier bieten sich an:

- Digitale Vorstellrunde
- Vortrag/Referat
- Podiumsdiskussion
- Quiz
- Musik
- Umfrage (mit Ansage schließen)
- Gruppenarbeiten in Breakout-Sessions
- Zeit für Bewegung – kleine Sportübungen

- Interaktion über Mobiltelefon
- Textwolken
- Aktive Pausen
- Feedback im Event
- Zauberkünstler
- Spieleshow
- Sponsoren Präsentation
- Projektvorstellung
- TED-Format
- Prominenten einladen

9.3 Werbung für virtuelle Events

Ankündigungen und Einladungen

Save the Date! Die Ankündigung und Einladung für virtuelle Events muss auf jeden Fall digital per E-Mail, über verschiedene Social-Media-Kanäle oder einen Newsletter auf ein interessantes Event erfolgen. In der digitalen Welt ist die Vorschau auf Events kürzer geworden, da es den Anschein hat, dass sich die Welt schneller dreht.

Die konkrete Einladung versenden Sie rechtzeitig vor der Veranstaltung. Hier können Sie gerne mit einem Reminder Ihr Event noch einmal bewerben. Bei offiziellen Anlässen wie zum Beispiel Eigentümerversammlungen (ja die gibt es inzwischen auch rechts- und DSGVO-konform in digitalem Format) müssen gesetzliche Einladungsfristen berücksichtigt werden.

Zielgruppen für PR-Arbeit

Eine Produktvorstellung in Form eines virtuellen Events ist eine besondere Herausforderung. Was ist es denn, was Aufmerksamkeit erzeugt? Aus Sicht einer Nachrichtenredaktion müssen Sie mindestens eine der folgenden Fragen positiv beantworten:

- Ist es neu?
- Ist es cool?
- Hat es Tragweite?
- Betrifft es unsere Leser?
- Sorgt es für Diskussionen?

Die schon früher genannte Landingpage ist ein wichtiger Erfolgsfaktor für Ihr virtuelles Event, denn wenn sich niemand bequem anmelden kann, wird auch niemand an Ihrem Event teilnehmen.

Exkurs: Technik

Nachfolgend finden Sie Begriffe, die Ihnen bei der Planung digitaler Events begegnen werden:

Kamera: Angefangen beim Handy mit dem direkt übertragen werden kann bis hin zur professionellen Filmkamera ist alles dabei. Achten Sie auf die Kompatibilität der Anschlüsse mit der weiteren verwendeten Technik. Auch sollte das System auf 50Hz (PAL) eingestellt sein.

Die Kamera kann entweder per Kabel oder über Funk/WLAN an den Strammer angebunden werden.

Strammer: Bezeichnet zum einen die Person, die eine Veranstaltung live überträgt. Technisch gesehen ist der Streamer die Gerätschaft, die die Verbindung zur Plattform herstellt auf dem das Event dann zu sehen ist. Das kann ein Handy sein, ein Computer oder auch ein allein agierender Bildmischer.

Bildmischer: Der Bildmischer empfängt unterschiedliche Video und Tonsignale um diese dann zu einem einzigen Ausgabestream zu verknüpfen. Die Videosignale können von unterschiedlichen Kameras, separaten Zuspielern oder auch anderen Computerquellen kommen. Oft haben diese Bildmischer vorgefertigte Überblendungen und die Möglichkeit Grafikeinblendungen einzubinden.

Zuspieler: Auf einem Zuspieler liegen vorgefertigte Filme oder andere Präsentationsdaten die bei Bedarf direkt in den Lifestream eingebunden werden. Gerade bei Filmen ist es ratsam das Abspielen dieser Daten auf ein separates Gerät auszulagern. Dieses wird dann wie eine Kamera dann den Bildmischer zum Beispiel per HDMI angebunden.

HDMI und SDI: Hierbei handelt es sich um zwei verwendete Schnittstellen um Videosignale zu übertragen. HDMI ist sehr weit verbreitet im privaten und semiprofessionellen Umfeld.

SDI ist fast nur in professionellen Produktionsumgebungen zu finden.

Streaming-Software: Wenn die Hardware keinen direkten Zugang zu den verwendeten Plattformen bereitstellt, wird eine Streaming-Software benötigt. Dies ist im einfachsten Fall die Software der Plattform, die zur Ausstrahlung verwendet werden soll. Es gibt aber auch allgemeine Software wie zum Beispiel OBS (Open Broadcaster Software), die nicht nur die Verbindung zur ausstrahlenden Plattform herstellt, sondern auch Funktionen eines Bildmischers übernehmen kann.

Bandbreite: Diese bezieht sich auf die von Ihnen verwendete Internetverbindung. Diese sollte unbedingt stabil sein und einigen Mindestanforderungen genügen.

Versuchen Sie unbedingt auf WLAN-Verbindung zu verzichten. Diese ist anfälliger für Unterbrechungen als eine kabelgebundene Anbindung.

Eine ausreichender Upload-Geschwindigkeit ist erforderlich, um den Stream in guter Qualität zu übertragen. Diese ist natürlich abhängig von der Bildgröße Ihres zu übertragenden Bildes.

Mit einer gleichzeitig guten Downloadgeschwindigkeit haben Sie die Möglichkeit das Livebild auf der Plattform zu kontrollieren.

Hier eine grobe Empfehlung mit der Sie eigentlich auf der sicheren Seite sind:
Download: Mindestens 10mbit
Upload: Mindesten 6mbit

Mehrere Bildschirme/Arbeitsplätze: Planen Sie ein, dass es die Möglichkeit gibt den Lifestream zu kontrollieren. Wenn es die Möglichkeit für Kommentare gibt, muss dies auch unbedingt Moderiert werden.

Mikrofone: Bei Mikrofonen gibt es verschiedene Charakteristiken wie das Mikrofon den Ton aufnimmt. Diese können zum Beispiel eine Kugel, Niere oder eine Acht bezeichnen.

Auch gibt es die Möglichkeit Mikrofone an einer Person direkt anzubringen (Lavalier Mikrofon) oder das Mikrofon in der Hand zu halten. All diese Formen gibt es dann noch als kabelgebundene oder Funkausführung. Hier kommt es ganz klar auf den passenden Einsatzzweck an.

Beleuchtung: Hier unterscheiden wir Raumlicht, Tageslicht oder Kunstlicht, welches noch einmal in Heißlicht (Halogen) und LED-Beleuchtung unterschieden wird. Eine geplante Beleuchtung, zum Beispiel durch LED-Licht kann die Qualität des Streams erhöhen und schützt vor unschönen Effekten bei der Live-Übertragung. Wenn sich zum Beispiel spontan eine Wolke vor die Sonne schiebt.

Bei der Verwendung von technischen Lichtquellen ist die Einstellung der Kamera auf das PAL Format wichtig, damit es bei der Aufnahme nicht zu Bildfehlern kommt. Diese können sich durch Bildflimmern oder laufende Zeilen um Bild darstellen.

Beispiele für benötigte Technik bei unterschiedlichen Formaten:

Rede/Ansprache/Interview – kleines Set-up

- Handy
- Facebook/ YouTube oder eine andere App der Plattform
- Mikrofon
- eine Lichtquellen (Alternativ ein Aufheller)

Ansprache/Interview – mittleres Set-up

- zwei Kameras
- ein Mikrofon
- Bildmischer (OBS oder zum Beispiel Blacmagic ATEM)
- zwei Lichtquellen (Alternativ eine Lichtquelle und ein Aufheller) – ein Operator

Diskussion auf der Bühne

- drei Kameras
- ein Mikrofon pro Teilnehmer
- Livemischer (und oder OBS/Einspieler)
- Licht-Set-up
- ein Operator und zwei bis drei Kameraleute (Tontechniker optional; inwieweit auch für andere Set-ups zusätzliches technisches Fachpersonal erforderlich ist, hängt auch von der Größe der Veranstaltung ab).

Workshop:

- Mindestens zwei Kameras
- Video Funkstrecke
- ein Mikrofon pro Teilnehmer oder Handmikrofon zum Durchreichen
- Livemischer (und oder OBS/Einspieler)
- Licht-Set-up
- ein Operator und ein bis zwei Kameraleute (Tontechniker optional; inwieweit auch für andere Set-ups zusätzliches technisches Fachpersonal erforderlich ist, hängt auch von der Größe der Veranstaltung ab)

Dieser Exkurs zur Technik ist mit fachlicher kompetenter Expertise von Michael Claushallmann entstanden.

Praxistipps für digitale Seminare

Meine digitale Herausforderung begann im Frühjahr 2020, als von einem Tag auf den anderen die Durchführung von Präsenzveranstaltungen untersagt war. Getreu dem Motto »Der Mensch wächst mit seinen Aufgaben«, habe ich mich mit Online-Tools beschäftigt. Nach kurzer Zeit war ich so fit, dass ich meine Seminare als Webinare bzw. Online-Seminare angeboten und durchgeführt habe. Natürlich gab es auch die ein oder andere Panne, doch diese konnten in kurzer Zeit behoben werden.

Nachstehend gebe ich Ihnen einige Tipps, um Ihnen die Planung und Durchführung zu erleichtern:

Ich selbst nutze am liebsten das Online-Tool Zoom. Die Zugangsdaten müssen rechtzeitig verschickt werden. Ich öffne den Raum dann circa fünfzehn bis zwanzig Minuten vor dem eigentlichen Beginn. So kann noch die ein oder andere technische Herausforderung behoben werden.

Bevor Sie das erste Mal ein digitales Meeting durchführen, machen Sie sich mit der Technik vertraut und üben das Ganze einmal. Es findet sich bestimmt jemand aus dem Kollegen- oder Freundeskreis, der hier gerne mal das Versuchskaninchen spielt.

Bitten Sie Ihre Teilnehmer die Kamera anzuschalten. Nichts ist frustrierender, als in eine Vielzahl von kleinen schwarzen Vierecken zu starren, die die ausgeschalteten Kameras Ihrer Teilnehmer widerspiegeln. Dies gilt vorrangig für Veranstaltungsformate mit einer überschaubaren

Teilnehmerzahl. Kürzlich berichtete mir ein Kollege, der einen Kurzworkshop mit über siebenhundert Teilnehmern durchgeführt hat, das in so einem Fall nicht jeder Teilnehmer die Kamera anhaben muss. In siebenhundert Gesichter möchten Sie als Redner und Präsentator im digitalen Bereich nicht schauen.

Zusätzlich bitte ich darum, ein Headset zu nutzen, damit keine störenden Nebengeräusche meine Ausführungen oder die Wortmeldungen der Teilnehmer unterbrechen.

Legen Sie alle Unterlagen bereit, sei es auf dem Schreibtisch oder auf dem Desktop. Da Sie im Laufe des Online-Seminars Ihren Bildschirm teilen werden, achten Sie darauf, dass die Teilnehmer nur die Informationen sehen, die auch für ihre Augen bestimmt sind.

Auch ein Glas Wasser stellen Sie parat, falls Sie Ihre Stimme versagen sollte.

Wenn möglich, engagieren Sie einen Co-Host. Dieser kann im Notfall einspringen, den Warteraum bedienen und auch den Chat im Auge behalten.

Achten Sie auf einen neutralen oder aufgeräumten Hintergrund und wählen Sie auch Ihre Kleidung entsprechend aus. Die digitale Durchführung eines Seminars ist immer ein Spiegel Ihrer Kompetenz.

Veranstaltungsbeispiele für Virtuelle Events

Learning bei Doing! Manchmal entsteht ein großer Lerneffekt dadurch, auch einmal als Teilnehmer an virtuellen Veranstaltungen dabei zu sein. Hier stelle ich Ihnen einige Formate vor, die ich gerne mit Ihnen teilen möchte.

Bei der digitalen Führung durch das Aquarium des Kölner Zoos haben wir dem Zoodirektor förmlich über die Schulter geschaut. Er ist – ausgestattet mit seinem Handy – durch das Aquarium gegangen, hat dabei selbst gefilmt und uns alles erklärt und erläutert.

Der Sushi-Workshop war für den Organisator dann doch mit größeren Vorbereitungen verbunden. Die Teilnehmerinnen, die alle im eigenen Zuhause zugeschaltet waren, haben im Vorfeld eine große Box mit allen erforderlichen Zutaten am Nachmittag vor der Workshop im Sushi-Restaurant abgeholt. Vom gekochten Reis über die Sushimatte bis hin zur Sojasoße und frischem Lachs und Gemüse war alles vorhanden. Abends haben dann zwei Köche per Stream gezeigt, wie das alles funktioniert und Schritt für Schritt erläutert. Mein Fazit für das Ergebnis: geschmacklich sehr gut, bei der Optik war noch viel Luft nach oben.

Bei der digitalen Cocktail-Stunde wurden alle Zutaten portionsweise verpackt und mit dem gedruckten Rezept per Post verschickt. Sogar Glas und Shaker waren als Utensil vorhanden. Einzig die Eiswürfel hat dann noch jeder dem eigenen Tiefkühler entnommen. Der Barkeeper hat dann auch per Stream alles gezeigt und erläutert.

Für die Weinprobe wurden verschiedene Weine, ebenfalls mit der Post, vorab verschickt und am Abend des Events dann durch den Winzer vorgestellt.

Sogar an einer Produktpräsentation für ein neues E-Auto habe ich online teilgenommen. Hier wurde eine hybride Veranstaltung als Format gewählt. Und es war natürlich jede Menge Technik im Einsatz. Vor Ort waren eine Moderatorin, der Kameramann mit einigen Assistenten (Licht und Ton) und natürlich der Fachmann, der den PKW vorgestellt hat. Wir sind ihm bis in den Koffer- und Innenraum einschließlich dem Blick in das Handschuhfach gefolgt.

10 Checklisten

»Als ich des Suchens müde war, erlernte ich das Finden.«

Friedrich Nietzsche, deutscher Philologe

Damit Sie, liebe Leser dieses Ratgebers, auf Anhieb finden, was Sie suchen und damit Ihnen nichts durch die Lappen geht, erhalten Sie nachfolgend einige Muster-Checklisten für die Planung Ihrer Veranstaltung.

10.1 Checkliste: Allgemeine Organisation

1. Konzept	
1.1 Art des Events	
1.2 Termin/Datum	
1.3 Ort/Location	
1.4 Eckdaten	
1.4.1 Dauer	
1.4.2 Teilnehmerzahl	
1.4.3 Budget	
1.5 Ziele	
1.5.1 Motto	
1.5.2 Roter Faden	
1.6 Programm	
1.6.1 Tagungsprogramm	
1.6.2 Rahmenprogramm	
1.7 Bewirtung	

2. Zielgruppe	
2.1 Kunden	
2.2 Lieferanten	
2.3 Geschäftspartner	
2.4 Kooperationspartner	
2.5 Mitarbeiter	
2.6 Begleitpersonen	
2.7 Presse	
2.8 Sonstige	

3. Akteure/Dienstleister	
3.1 Projektverantwortlicher	
3.1.1 Ablaufplan/Regieplan	
3.1.2 Budgetplan	
3.2 Orgateam	
3.3 Kick-off-Veranstaltung	

3.4 Referenten
3.5 Moderator
3.6 Künstler
3.7 Servicepersonal
3.8 Hostessen
3.9 Technische Mitarbeiter
3.10 Security
3.11 Sanitäter
3.12 Garderobenpersonal
3.13 Sonstige Helfer
3.14 Unterbringung Akteure
3.15 Unterbringung Dienstleister
3.16 An- und Abreise

4. Teilnehmermanagement

4.1 Einladung
- 4.1.1 Save-the-Date
- 4.1.2 Einladung
- 4.1.3 Antwortkarten
- 4.1.4 Anmeldeformular
- 4.1.5 Anmeldebestätigung

4.2 Hotelunterbringung
4.3 An- und Abreise organisieren
4.4 Transfer/Shuttleservice

5. Technische Hilfsmittel

5.1 Beamer
5.2 Leinwand
5.3 Flipchart
5.4 Pinnwände
5.5 Moderatorenkoffer
5.6 Mikrofonanlage
5.7 Musikanlage
5.8 Funkgeräte

6. Drucksachen und Ausstattung		
6.1	Flyer	
6.2	Plakate	
6.3	Programm	
6.4	Tischschilder	
6.5	Menükarten	
6.6	Namensschilder	
6.7	Teilnehmerliste	
6.8	Unterschriftenliste	
6.9	Tagungsmappen	
6.10	Pressemappen	
6.11	Handouts der Vorträge	
6.12	Feedbackbögen	
6.13	Give-aways	
6.14	Präsente für Referenten	

7. Ausstattung der Räumlichkeiten		
7.1	Dekoration allgemein	
7.2	Dekoration Blumen und Pflanzen	
7.3	Roll-ups	
7.4	Fahnen	
7.5	Banner	
7.6	Beschilderung	

8. Auflagen und Genehmigungen		
8.1	GEMA	
8.2	KSK	
8.3	Ordnungsamt	
8.4	Sonstige Behörden	
8.5	Versicherungen	

9. Organisation vor und während des Events	
9.1 Ablauforganisation	
9.2 Ausschilderung	
9.3 Vorbereitung Hospitality Desk	
9.4 Teambriefing – Aufgabenverteilung	
9.5 Betreuung Referenten/VIPs	
9.6 Betreuung Künstler	
9.7 Catering	
9.8 Technik-Check	
9.9 Empfang der Teilnehmer	
9.10 Begrüßung	
10. Organisation nach dem Event	
10.1 Abbau	
10.2 Reinigung	
10.3 Entsorgung	
10.4 Inventar prüfen	
10.5 Übergabe der Räumlichkeiten	

11. Nachbereitung	
11.1 Teilnehmerauswertung	
11.2 Presseclipping	
11.3 Dankschreiben an Teilnehmer	
11.4 Dankschreiben an Mitwirkende	
11.5 Fotoversand	
11.6 Fotogalerie auf Homepage	
11.7 Debriefing/Manöverkritik	
11.8 Abrechnung und Budgetkontrolle	

10.2 Checkliste: Location/Tagungsort

1. Allgemeine Angaben		
1.1	Benötigte Größe	
1.2	Personenkapazität	
1.3	Konferenzräume	
1.4	Raum für Abendveranstaltung	
1.5	Raum für Mittagessen	
1.6	Raum für Kaffeepausen	
1.7	Tagungsbüro/Backoffice	
1.8	Hospitality Desk/Empfangscounter	
1.9	Referentenräume	
1.10	Lagerräume	
1.11	Garderobe	
1.12	Nebenräume	
1.13	Sanitäre Anlagen	
2. Lage/Infrastruktur		
2.1	Verkehrsanbindung allgemein	
2.2	Verkehrsanbindung öffentliche Verkehrsmittel	
2.3	Parkplätze	
2.4	Garagenplätze	
2.5	Transfer	

3. Ausstattung Veranstaltungsräume		
3.1	Bestuhlung	
3.2	Bühne	
3.3	Rednerpult	
3.4	Beleuchtung	
3.5	Beschallung	
3.6	Technische Ausstattung	
3.7	Audiotechnik	
3.8	Videotechnik	
3.9	Stromversorgung	

3.10 Telefonanschlüsse	
3.11 Internetzugang	
3.12 Klimaanlage	
3.13 Lagepläne/Saalpläne	
3.14 Zugang zu den Räumen	
3.15 Anlieferungsmöglichkeiten	
3.16 Aufbau/Abbau	
4. Hotel/Übernachtung	
4.1 Anzahl der Zimmer	
4.2 Zimmerausstattung/-kategorien	
4.3 Upgrade möglich	
4.4 Behindertengerechte Zimmer	
4.5 WLAN	
4.6 Check-in-, Check-out-Zeiten	
4.7 Frühstückszeiten	
4.8 Restaurant/Bar	
4.9 Abrufkontingent/Frist	
5. Bewirtung	
5.1 Mittagessen	
5.2 Kaffeepausen	
5.3 Tagungsgetränke	
5.4 Begrüßungscocktail	
5.5 Abendessen	
5.6 Menüvorschläge	
5.7 Tagungspauschalen	
5.8 Equipment	
5.9 Servicepersonal	

6. Technische Hilfsmittel	
6.1 Beamer	
6.2 Leinwand	
6.3 Flipchart	
6.4 Pinnwände	
6.5 Moderatorenkoffer	
6.6 Mikrofonanlage	
6.7 Musikanlage	
6.8 Funkgeräte	

7. Vertragsmodalitäten	
7.1 Kosten	
7.2 Angebot	
7.3 Zahlungsbedingungen	
7.4 Vorauszahlung erforderlich	
7.5 AGBs	
7.6 Mustervertrag	
7.7 Kreditkarten	
7.8 Reservierungsfristen	
7.9 Stornofristen	
7.10 Ansprechpartner für alle Fragen	

10.3 Checkliste: Budget

Ausgaben	
1. Location	
1.1 Miete	
1.2 Heizung/Strom	
1.3 Mobiliar	
1.4 Dekoration	
1.4.1 Blumen	
1.4.2 Pflanzen	
1.4.3 Banner/Fahnen	
1.4.4 Tischdeko	
1.5 Technik	
1.6 Endreinigung	
1.7 Abbau	
1.8 Müllentsorgung	
1.9 Sonstiges	
2. Akteure	
2.1 Referenten	
2.2 Moderator	
2.3 Dolmetscher	
2.4 Künstler	
2.5 Musiker	
2.6 Fotograf	
2.7 Security	
2.8 Sanitätsdienst	
2.9 Eventagentur	
2.10 Orgateam	
2.11 Sonstiges Personal (Garderobe, Toilette, Reinigung etc.)	
2.12 Catering Akteure	
2.13 Übernachtungskosten Akteure	
2.14 Fahrtkosten Akteure	

2.15	Präsente Referenten	
2.16	Sonstiges	
3. Catering		
3.1	Speisen	
3.2	Getränke	
3.3	Servicepersonal	
3.4	Köche	
3.5	Tischwäsche/Servietten/Skirtings	
3.6	Geschirr/Gläser/Besteck	
3.7	Equipment	
3.8	Sonstiges	
4. Technik		
4.1	Bühne	
4.2	Beleuchtung	
4.3	Beschallung/Mikrofonanlage	
4.4	Präsentationsmedien (Beamer etc.)	
4.5	Dolmetscheranlage	
4.6	Veranstaltungsmeister	
4.7	Techniker	
4.8	Fahrzeug/Transport	
4.9	Sonstiges	
5. Teilnehmermanagement		
5.1	Einladung, Papier, Umschläge	
5.2	Portokosten	
5.3	Druckkosten	
	5.3.1 Einladungen etc.	
	5.3.2 Eintrittskarten	
	5.3.3 Flyer	
	5.3.4 Poster/Plakate	
	5.3.5 Teilnehmerlisten	
	5.3.6 Beschilderung	

5.4 Namensschilder
5.5 Tagungsmaterial
5.6 Büromaterial
5.7 Mappen (Teilnehmer, Presse)
5.8 Präsente
5.9 Give-aways
5.10 Hotel/Übernachtung
5.11 Transfer
5.12 Foto-CD

6. Gebühren

6.1 GEMA
6.2 KSK
6.3 Genehmigungen
6.4 Versicherungen

7. Selbstkosten

7.1 Personal
7.2 Telefon
7.3 Kopierer
7.4 Büromaterial
7.5 Gemeinkosten
7.6 Nachbereitung

Einnahmen

8. Eintritt

9. Verkauf Merchandising

10. Vermietung von Standflächen

11. Kooperationen

10.4 Checkliste: Virtuelle Events

1. Entscheidung	
1.1 Ziel festlegen **1.2** Zielgruppe festlegen **1.3** Welchen Mehrwert kann ich bieten **1.4** Eventformat 1.4.1 Virtuelles Event 1.4.2 Hybrides Event **1.5** Ziele **1.6** Programm **1.7** Ggf. Sponsoren suchen **1.8** Namen/Titel für das Event festlegen	

2. Planung	
2.1 Wo findet das Event statt? 2.1.1 Studio 2.1.2 Eigenes Homeoffice 2.1.3 Sonstige Location **2.2** Konferenztool/Software aussuchen **2.3** Personelle Unterstützung 2.3.1 Techniker 2.3.2 Co-Host 2.3.3 Moderator 2.3.4 Speaker/Akteure 2.3.5 Team zusammenstellen/Rollen klären 2.3.6 Sonstiges Personal **2.4** Ablauf/Strukturierte Agenda **2.5** Rechtliche Aspekte beachten 2.5.1 GEMA 2.5.2 KSK 2.5.3 DSGVO	

3. Technik	
3.1 Welche Technik ist erforderlich 3.1.1 Mikrofone 3.1.2 Kameras 3.1.3 Sonstiges **3.2** Stabile Internetverbindung **3.3** Testlauf	

4. Teilnehmermanagement	
4.1 Digitale Einladung **4.2** Anmeldeplattform/Landingpage **4.3** Event-Apps **4.4** Zugangsdaten versenden **4.5** Unterlagen online zur Verfügung stellen **4.6** Utensilien (Wein, Schokolade etc.) rechtzeitig versenden	

5. Durchführung des Events	
5.1 Technikcheck 5.1.1 Ton/Mikrofon/Headset 5.1.2 Kameras 5.1.3 Licht 5.1.4 Hintergrund 5.1.5 Co-Host **5.2** Störfaktoren vermeiden **5.3** Ruhige Umgebung **5.4** Ablaufplan 5.4.1 Alle Unterlagen griffbereit 5.4.2 Folien sparsam einsetzen 5.4.3 Wenig Text **5.5** Moderator 5.5.1 Outfit 5.5.2 In die Kamera schauen 5.5.3 Stimme macht Stimmung (klar und deutlich sprechen)	

- 5.5.4 Virtueller Hintergrund
- 5.5.5 Wasser bereitstellen
- 5.5.6 Nicht essen während der Moderation
- 5.5.7 Stummschaltung Mikro nutzen, wenn erforderlich

5.6 Pünktlicher Beginn

5.7 Begrüßung der Teilnehmenden im Raum

5.8 Begrüßung der Teilnehmenden Remote

5.9 Strukturierte Agenda

5.10 Aktive Pausen

5.11 Interaktionen durchführen

5.12 Tools einsetzen/Methoden wechseln

5.13 Umfragen durchführen

5.14 Abmoderation

6. Nachbereitung

6.1 Unterlagen im Nachgang versenden

6.2 Aufzeichnungen bereitstellen

6.3 Feedback einholen (extern und intern)

6.4 Teilnehmerauswertung

6.5 Dank an die Teilnehmenden

6.6 Abrechnung und Budgetkontrolle

6.7 Fazit ziehen für künftige Events

10.5 Checkliste: Backoffice/Hospitality Desk

- ❍ Laptop (Ladekabel nicht vergessen!)
- ❍ Drucker (Ersatzpatronen)
- ❍ Telefon/Handy
- ❍ Veranstaltungsordner mit Checklisten/Verträgen/Korrespondenz
- ❍ Liste mit Kontaktdaten aller Akteure/Dienstleister etc.
- ❍ Teilnehmerliste
- ❍ Hotelliste
- ❍ Teilnehmerunterlagen
- ❍ Tagungsmappen
- ❍ Pressemappen
- ❍ Namensschilder
- ❍ Reserveschilder
- ❍ Reserviert-Schilder
- ❍ Feedbackbögen
- ❍ Kiste – Danke für Ihr Namensschild
- ❍ Give-aways
- ❍ Präsente für Referenten
- ❍ Stadtplan
- ❍ Übersichtsplan öffentlicher Nahverkehr
- ❍ Restaurantführer
- ❍ Wichtige Telefonnummern

Büromaterial

- ❍ Papier
- ❍ Blöcke
- ❍ Umschläge
- ❍ Briefmarken
- ❍ Stifte
- ❍ Textmarker
- ❍ Klarsichthüllen
- ❍ Locher
- ❍ Hefter (Reservemunition)
- ❍ Klammeraffe
- ❍ Büroklammern
- ❍ Tesafilm
- ❍ Schere
- ❍ Radiergummi
- ❍ Gummibänder
- ❍ Quittungsblock
- ❍ Handkasse
- ❍ Stempel
- ❍ Taschenrechner

Sonstiges

- ❍ Taschentücher
- ❍ Erfrischungstücher
- ❍ Nähzeug
- ❍ Sicherheitsnadeln
- ❍ Pflaster
- ❍ Werkzeug
- ❍ Mehrfachsteckdose
- ❍ Batterien
- ❍ Glühbirnen
- ❍ Reservematerial für Technik

10.6 Ausführlicher Feedbackbogen

Titel der Veranstaltung: ....

Veranstaltungsort: ....

Veranstaltungsdatum: ....

Ihre Meinung ist uns wichtig!
(Bitte ankreuzen: 1 = sehr gut bis 6 = sehr mangelhaft)

1. Die Veranstaltung insgesamt war:					
1	2	3	4	5	6

2. Die Organisation der Veranstaltung war:					
1	2	3	4	5	6

3. Meine Erwartungen wurden erfüllt:					
1	2	3	4	5	6

4. Das Tagungshotel war:					
1	2	3	4	5	6

5. Das Rahmenprogramm war:					
1	2	3	4	5	6

6. Der Vortrag des Keynote-Speakers war:					
1	2	3	4	5	6

7. Der Workshop zum Thema xx war:					
1	2	3	4	5	6

8. Der Workshop zum Thema yy war:					
1	2	3	4	5	6

Was hat Ihnen besonders gut gefallen?

Was hat Ihnen gar nicht gefallen?

Bitte teilen Sie uns Ihre Anregungen, Anmerkungen und Wünsche mit:

Wir wünschen Ihnen eine gute Heimfahrt
und freuen uns auf ein Wiedersehen!

10.7 Kurzer Beurteilungsbogen

Titel der Veranstaltung:

am: *in:*

Ihre Meinung hilft uns planen!
(Bitte ankreuzen: ++ = sehr gut bis -- = sehr schlecht)

		++	+	O	-	--
1. Tagungshotel	1.1 Erreichbarkeit					
	1.2 Tagungsraum					
	1.3 Verpflegung					
	1.4 Ambiente					
2. Zimmer	2.1 Ausstattung					
	2.2 Ambiente					
	2.3 Preis/Leistung					
3. Workshop	3.1 Thema					
	3.2 Vortragsweise					
	3.3 Fachkompetenz					
	3.4 Praxisbezug					
	3.5 Unterlagen					
4. Abendveranstaltung	4.1 Erreichbarkeit					
	4.2 Ambiente					
	4.3 Qualität					
	4.4 Preis/Leistung					
5. Tagung allgemein	5.1 Organisation					
	5.2 Dauer					
	5.3 Themenbehandlung					

Ergänzungen/Verbesserungsvorschläge/Kritik:

Danke für Ihre Unterstützung!

10.8 Ablaufplan/Regieplan/Veranstaltungsraster

Strukturierte Pläne sind die Basis einer effektiven und effizienten Veranstaltungsorganisation. Im Eventmanagement haben sich zwei Planungsinstrumente bewährt: Ablauf- oder Regieplan und das Veranstaltungsraster.

Der Ablaufplan zeigt alle Aufgaben und die Zuständigkeiten und kann gleichzeitig als To-do-Liste genutzt werden.

Wann?	Was?	Zuständig?	Wo?	Bemerkung	Kontakt
07:00	Dekoration	Fritz Meier	Alle Räume	Blumen Müller	0170/1 23 45 67
07:00	Aufbau Technik und Ausstellung		Festsaal, Foyer		
08.30	Technik-Check		Festsaal, Foyer		
08:45	Lieferung Catering		Küche		
09:00	Security		Eingänge		
09:30	Shuttle VIPs		Hotel		
10:00	Begrüßung Gäste	GF	Festsaal		
10:30	Ausstellung		Foyer		
11:00	Kaffeepause		Kantine		
12:00	Vortrag	Referent	Konferenz 1		
12:00	Führung 1		Produktion		
...					
16:30	Abschlussrede	GF	Festsaal		

Ablaufplan/Regieplan

Das Veranstaltungsraster zeigt alle Aktivitäten, Orte und Zeiten auf einen Blick und kann gleichzeitig als Programm genutzt werden.

Zeit	Festsaal	Foyer	Konferenz 1	Kantine	Produktion
10:00 Uhr	**Begrüßung**				
10:30 Uhr		**Ausstellung**			
11:00 Uhr				**Kaffeepause**	
12:00 Uhr			**Vortrag**		**1. Führung**
13:00 Uhr				**Imbiss**	
13:30 Uhr					**2. Führung**
14:30 Uhr					
15:00 Uhr					**3. Führung**
16:00 Uhr					
16:30 Uhr		**Abschlussrede**			
17:00 Uhr					

Veranstaltungsraster

Bei aufwendigen Veranstaltungen werden diese Planungsinstrumente im Laufe der Planung naturgemäß umfangreicher. Aktualisieren Sie diese Listen, sobald eine neue Aufgabe oder Aktivität hinzukommt und geben Sie bitte auch immer den aktuellen Stand (Datum) an. Die aktualisierten Pläne stellen Sie den Teammitgliedern entweder auf einem Firmenserver – geschützter Bereich – zur Verfügung oder versenden diese per E-Mail. So verlieren Sie nie den Überblick und sind auf einen Blick informiert.

Ein ergänzendes Planungsinstrument ist die Meilensteinplanung, diese Methode kennen Sie vielleicht aus dem Projektmanagement. Sie dokumentieren, welche Meilensteine Ihre Planung enthält und notieren den Soll- und den Ist-Termin. Der Status ›offen‹, ›in Arbeit‹ und ›abgeschlossen‹ wird ebenfalls erfasst.

Veranstaltung:	
Eventmanager:	
Auftraggeber:	
Datum:	

Nr.	**Meilenstein** (MS)	**Termin (Soll)**	**Termin (Ist)**	**Status**
MS 1	Projektstart	xx.xx.xxxx	xx.xx.xxxx	abgeschlossen
MS 2	Grobkonzept			abgeschlossen
MS 3	Kick-off-Meeting			abgeschlossen
MS 4	Konzept			abgeschlossen
MS 5	Location			in Arbeit
MS 6	Programm			in Arbeit
MS 7	...			in Arbeit
MS 8	...			offen
MS 9	...			offen
MS 10	Projektabschluss			offen

Meilensteinplan

Diese Pläne sind mögliche Beispiele. Gestalten und entwickeln Sie die Pläne nach den Anforderungen Ihrer Veranstaltung. Denn: Jedes Event ist einzigartig!

TIPP

Erstellen Sie eine Liste mit den Kontaktdaten (Telefonnummer, Mobilnummer und E-Mail-Anschrift) aller an der Veranstaltungsorganisation beteiligten Mitarbeiter und Dienstleister. Naturgemäß wird diese Liste im Laufe der Planung wachsen und gedeihen. Aktualisieren Sie die Liste ständig und verteilen Sie diese auch an Ihre Mitstreiter. Am Veranstaltungstag können Sie im Falle eines Falles schnell reagieren und die richtige Person erreichen.

Anhang

11

11.1 Nützliche Adressen

AUMA (Ausstellungs- und Messe-Ausschuss der Deutschen Wirtschaft e.V.): *www.auma.de*

Bundesvereinigung für Veranstaltungswirtschaft: *https://forward.live*

Catering: *www.kirberg-catering.de*

CO_2-Fußabdruck-Berechnung:
www.co2ol.de https://forliance.com/?lang=de
de.myclimate.org/de/
www.footprint-deutschland.de

Deutsche Flugsicherung: *www.dfs.de*

Dolmetscherdienst: *konferenzdolmetscher-bdue.de/de*

EVVC (Europäischer Verband der Veranstaltungscentren e. V.): *www.evvc.org*

FAMA (Fachverband Messen und Ausstellungen e. V.): *www.fama.de*

FAMAB (Fachverband Messen und Ausstellungsbau e. V.): *www.famab.de*

Feiertage weltweit: *https://www.timeanddate.de/feiertage/*

Förderprogramme für Aussteller Inland und Ausland:
www.auma.de/de/TippsFuerAussteller/FoerderprogrammeDeutschland/Seiten/Default.aspx
www.auma.de/de/TippsFuerAussteller/FoerderprogrammeAusland/Seiten/Default.aspx

FAQ – Häufige Fragen: *www.eventfaq.de*

GCB (German Convention Bureau e. V.): *www.gcb.de*

G

GEMA: *www.gema.de*

Grüne Meetings:
www.bmuv.de/umweltgerechte-veranstaltungen
https://www.bmuv.de/publikation/leitfaden-fuer-die-nachhaltige-organisation-von-veranstaltungen
www.greenmeeting20.de
www.bahn.de/Veranstaltungsticket

Konferenztechnik: *https://www.kuchem.com/*

K

KSK (Künstlersozialkasse): *www.kuenstlersozialkasse.de*

Medientechnik:
www.gb-mediensysteme.de

M

Moderatoren:
www.kuenstlermedia.de

P

Personalisiertes Einladungsmarketing: *www.viva-mediale.de*

Promotoren: *www.promotionbasis.de/index.php?ckaccepted=ok*

R

Redner:
www.germanspeakers.org
www.5-sterne-redner.de

S

Service- und Teilnehmermanagement: *www.chips-at-work.de*

T

Tagungslocations:
www.event-locations.de
www.toptagungslocations.de

Tagungswirtschaft: *https://Tw-media.com*

Tickettool: *www.pagisto.com*

V

Veranstaltungsmesse: *www.boe-messe.de*

Virtuelles Eventtool: *https://voxr.com*

11.2 Literaturverzeichnis

Bischof, Roland (2014): Wie Profis Sponsoren gewinnen. Basiswissen und Leitfaden für die Praxis. 4. Auflage, BusinessVillage Verlag, Göttingen.

Duden (2010): Die Deutsche Rechtschreibung – Band 1. 25. Auflage. Dudenverlag, Mannheim – Zürich.

Eschle, Melanie; Jekel, Thorsten; Schmitt, Ralf (2020): Digitale Events – 30 Minuten. GABAL Verlag GmbH, Offenbach

Graeve, Melanie von (2008): Events und Veranstaltungen professionell managen. BusinessVillage Verlag, Göttingen.

Graeve, Melanie von (2014): Events professionell managen. BusinessVillage Verlag, Göttingen.

Litke/Kunow/Schulz-Wimmer (2009): TaschenGuide Projektmanagement. Haufe Verlag, Planegg.

Siekmeier, Susanne (2012): Professionelle Korrespondenz. BusinessVillage Verlag, Göttingen.

Working@office (08/2014): Special zum Thema ›event management‹. VNR Verlag für die Deutsche Wirtschaft AG, Wiesbaden.

Tanz mit mir (2012): http://www.zeit.de/2012/44/interkulturelle-kompetenz-verhandlungen. Die Zeit Nr. 44/2012 vom 26.12.2012. Abgerufen am 19.10.2014.

Wie die Welt verhandelt (2012): http://www.zeit.de/2012/38/interkulturelle-kompetenzen-karriere. Die Zeit Nr. 38/2012 vom 16.10.2012. Abgerufen am 15.10.2014.

Tipps von A–Z im Veranstaltungsmanagement

B

Backoffice

Das Büro hinter den Kulissen, sozusagen die Kommandozentrale, in der alle organisatorischen Tätigkeiten erledigt werden. Abhängig von Ihrer Veranstaltung kann das Backoffice auch durch den Hospitality Desk ersetzt werden.

C

Crew-Catering

Auch Helfer haben Hunger: Die Mitwirkenden freuen sich, wenn sie mit Speisen und Getränken gut versorgt werden. Falls die Helferschar sehr überschaubar ist (zwei bis drei Personen), hat der Veranstalter oft nichts dagegen, wenn sie sich am Buffet bedienen. Bei größeren Gruppen oder falls es sich um ein gesetztes Essen im Rahmen eines großen Banketts handelt, sollten Sie eine extra Verpflegung für Ihre Helfer organisieren. Ein separater Raum, in dem sich die Helfer auch ausruhen können, ist unabdingbar.

Für anwesende Mitarbeiter der Gäste, zum Beispiel Fahrer, sollten auch Verpflegung und ein Aufenthaltsraum vorhanden sein.

D

Dienstkleidung

Kleider machen Leute – dieser Ausspruch nach der gleichnamigen Novelle des Schweizer Dichters Gottfried Keller bringt es auf den Punkt. Legen Sie im Vorfeld eine Kleider- und Schuhvorschrift für Ihre eigenen Mitarbeiter sowie das Fremd- und Aushilfspersonal fest, damit Sie am Veranstaltungstag nicht von Löchern in den Jeans, schrillen T-Shirts, tiefen Dekolletés und Flip-Flops überrascht werden. Wenn Röcke vorgeschrieben sind, vergessen Sie nicht eine Aussage über deren Länge und die dazu gehörigen Strumpfhosen. Diese sollten einheitlich – zum Beispiel schwarz oder beige – sein.

Dokumentation

siehe *Protokoll*

Empfangscounter

siehe *Hospitality Desk*

Friseur

Nicht jede Frisur hält jedes Wetter aus, wie in einer wohlbekannten Haarspraywerbung vermittelt wird. Also: Die Frage nach einem Friseur, der einem – eher weiblichen – Gast die Frisur wieder richtet, stellt einen vor besondere Herausforderungen. Hotels der gehobenen und höheren Klasse verfügen in solchen (Not-)Fällen über eine Adressliste, wenn es nicht sogar im Haus einen eigenen Haarkünstler gibt. Beugen Sie also vor und organisieren Sie vorab die Unterstützung durch einen guten Friseursalon am Ort.

Give-aways

Kleine Geschenke erhalten die Freundschaft. Ihre Gäste freuen sich über ein kleines Präsent, das sie noch lange an das Event erinnern wird. Ob Sie etwas Süßes (Pralinen), etwas Praktisches (ein Schlüsselband) oder etwas mit Lokalkolorit (Kölnisch Wasser oder Nürnberger Lebkuchen) verschenken, achten Sie darauf, dass das Präsent nicht zerbrechlich ist und gut transportiert werden kann. Dies empfiehlt sich immer dann, wenn Ihre Gäste bei der Heimreise auf Flugzeug, Bahn oder andere öffentliche Verkehrsmittel angewiesen sind.

Beachten Sie bei allen Geschenken den geldwerten Vorteil, den der Beschenkte möglicherweise versteuern muss. Sie sollten grundsätzlich nicht über 5 Euro für ein Give-away ausgeben.

H

Hospitality Desk

Der Empfangscounter ist die erste Anlaufstelle, der Dreh- und Angelpunkt für alle Fragen während der Veranstaltung und ist demzufolge ständig besetzt. Hier erhalten die Teilnehmer ihre Namensschilder und Tagungsunterlagen.

Hotline

Richten Sie eine Hotline ein. Hier können die Teilnehmer während der Veranstaltung alle wichtigen Fragen klären. Die Hotline sollte ständig mit einem kompetenten Mitarbeiter besetzt sein.

Hybride Events

Sind eine Kombination aus einer virtuellen Veranstaltung und einer Präsenzveranstaltung. Einige Teilnehmenden sind vor Ort und für einen anderen Teil wird die Veranstaltung per Internet übertragen (gestreamt).

Hygieneartikel

Haarspray, Handcreme, Q-Tipp oder ein Wattebausch. Es sind oftmals die kleinen Dinge, die dem Gast das Leben erleichtern. Und wenn Sie dann noch Ersatz für die Laufmasche in der Strumpfhose anbieten, dann ist das ein Zeichen für eine perfekte Rund-um-Betreuung.

K

Kinderbetreuung

Planen Sie ein Fest, bei dem auch Kleinkinder unter den Gästen sind, halten Sie nicht nur Wickel-, sondern auch Stillmöglichkeiten bereit. Und die Krönung ist ein Kinderwagenparkplatz.

Luftballon

Die *99 Luftballons* von Nena haben Sie bestimmt noch im Ohr. Um Probleme mit Düsenfliegern und Generälen zu vermeiden, gilt es einige Vorschriften zu beachten.

Falls Sie bei Ihrer Veranstaltung auch Luftballons in den Himmel steigen lassen wollen, machen Sie sich auf der Website der Deutschen Flugsicherung *www.dfs.de* kundig, denn vom Ort und der Anzahl der Ballons hängt es ab, ob Sie eine schriftliche Genehmigung benötigen.

Pausenzeiten

Planen Sie großzügige Kaffee- und Kommunikationspausen ein. Ihre Teilnehmer werden es Ihnen danken.

Plan B

Ein Notfallplan, der Ihnen im Falle des Falles weiterhelfen kann. Falls es regnet, wird die Outdoor-Veranstaltung nach drinnen verlagert. Falls ein Redner ausfällt, kennen Sie eventuell einen Ersatzmann. ABER: Nicht für alle Eventualitäten einer Veranstaltung kann man eine Alternative haben.

Protokoll

Eine ganz besondere Art eine Veranstaltung zu protokollieren bzw. zu dokumentieren finden Sie bei den Künstlern von The Value Web.

Weitere Informationen unter: *www.thevalueweb.org*.

S

Sonnenschirme

Sonnenschirme für Ihr Sommerfest können Sie möglicherweise preiswert – oder sogar kostenfrei – über den Getränkehändler leihen. Wahrscheinlich erhalten Sie dann eine bunte Mischung von allerlei Schirmen und machen nebenbei Werbung für die koffeinhaltige Limonade in rot oder das Bier in der grünen Dose.

Wählen Sie die elegantere Variante und leihen sich die Sonnenschirme bei einem Dienstleister. Üblicherweise haben Sie die Qual der Wahl zwischen verschiedenen Farben und Formen. Diese Schirme verfügen auch über stabile Schirmständer: Falls also nicht nur die Sonne scheint, sondern auch ein Windstoß die Veranstaltung durchwirbelt, fliegen Ihnen die Ständer nicht um die Ohren und Ihr Event wirkt auch aus optischer Sicht wie aus einem Guss.

W

Willkommensgeschenk

Falls Ihre Gäste vor Ort übernachten, deponieren Sie den Willkommensgruß (ein süßes Präsent, einen Obstkorb oder eine regionale Köstlichkeit) bereits auf dem Hotelzimmer. Fügen Sie dem kleinen Gruß eine handgeschriebene Karte bei: So fühlen sich Ihre Gäste von Anfang an gut betreut und haben nebenbei bei der Veranstaltung die Hände frei.

Danke

... an Martin Henseler, der mich bei der Überarbeitung und Ergänzung dieses Ratgebers wiederum mit Rat und Tat unterstützt hat. Vor allem seine umfangreichen Kenntnisse im PR-Bereich waren eine große Hilfe (www.mhkm.eu);

... an Heiner te Reh für die professionelle Gestaltung der Abbildungen (www.teRehDesign.de);

... an Caroline Zöller für den wertvollen Input bei den nützlichen Adressen (www.forteam.de);

... an Michael Claushallmann, der mich bei dem Thema Technik im Zusammenhang mit den Virtuellen Events großartig unterstützt hat (www.claushallmann.de);

... an Christian Hoffmann vom BusinessVillage Verlag, der die Idee hatte, diesen Ratgeber zu überarbeiten.

Gamification

Matthias Garten
Gamification – Präsentationen mit Fun-Faktor
Spielerisch, unterhaltsam und wirkungsvoll präsentieren

240 Seiten; 29,95 Euro
ISBN 978-3-86980-687-7; Art.-Nr.: 1154

Wie lässt sich auf unterhaltsame Weise Wissen und Informationen vermitteln? Wie lassen sich trockene Themen interessanter verpacken und präsentieren? Wie involvieren und aktivieren wir Zuschauer?

Mit Gamification! Als wohl eines der ersten Bücher auf dem Markt zeigt Gartens Buch, wie Präsentationen und Vorträge mit Fun-Faktor entstehen: spielerisch, peppig, unterhaltsam und emotional überzeugend. Denn erst mit Humor und Interaktion kannst du Menschen erreichen und für dich gewinnen.

Es illustriert, wie du die Elemente Informieren, Unterhalten und Bewegen on- wie offline in deine Vorträge, Workshops, Seminare, Workshops, Vertriebsgespräche oder großen Town Hall Meetings integrierst.

Mit dieser praktischen Toolbox liefert dir neben spielerischen Elementen, Formaten und Settings auch konkrete Case-Studies die Lust auf Umsetzung machen.

www.BusinessVillage.de